JN200014

自動車ビジネス

クルマ好きから専門家まで楽しく読める自動車の教養

鈴木ケンイチ
Kenichi Suzuki

All About THE AUTOMOBILE BUSINESS

CROSSMEDIA PUBLISHING

はじめに

「クルマは〝愛〟がつく工業製品である」

これは、トヨタの会長である豊田章男氏の言葉です。その内容は、けだし名言、まさにその通りだと思います。愛妻、愛犬のように、クルマは愛車と呼ばれる存在です。人に移動の自由を提供してくれますし、オーナーの個性を表現する存在ともなります。また、クルマを通じて、職（賃金）や友人を得ることもできます。素晴らしい存在です。

そんなクルマを扱う自動車業界は、海のようなものです。大きく、深く、そして、世界中につながっています。日本だけで言っても、約550万人が自動車業界で働いています。日本の就業者数の1割に迫るほどのたくさんの人が、自動車業界に属しているのです。

そんな私も自動車業界に魅了された人間の一人です。現在はモータージャーナリストという肩書で仕事をしていますが、最初にライターとしてスタートした20代は、主に芸能やファッションを扱うプロダクションに属していました。芸能人や最新の話題を追いかける仕事は華やかではありましたが、一方で不安も覚えました。若いセンスが求められるため、長く続ける自信が持てなかったのです。そんなとき、気づいたのがクルマというフィールドです。クルマのライターは、20～30代では駆け出し、40代、50代になってようやく一人前という世界でした。そうした自動車業界の奥深さに感銘を受け、「これは一生の仕事にできる」と、芸能からクルマへと、フィールドを移したのです。それが30歳前後のころです。

そんな一大決心の後、中古車、チューニング、新車などと、数えきれないほどたくさんの自動車媒体で仕事をする機会を得ることができました。もうすぐ、クルマの記事ばかりを書くようになって30年が経とうとしています。そんな今でも、まだまだ学ぶことばかりです。そして、それこそが、自動車業界の奥深さであり、愉しさ、そして魅力と言えるでしょう。

そんな海のような大きく深い自動車業界ですから、この本一冊ですべてを語りつくすことは当然できません。ですから、自動車業界に興味のある方に対して、この本を読むことで、ぼんやりでも全体の雰囲気が伝わることを狙いとしました。

なるべく、多くの方が興味を抱くようなテーマを中心にわかりやすいことを優先して執筆しました。最後まで、楽しく読んでいただければ、嬉しく思います。

第1章 メルセデスに学ぶ自動車の歴史の世界

The world of automobile history

第2章 OEM車に学ぶサプライヤーの世界

The world of supplier

第3章 ブランドロイヤルティに学ぶ自動車メーカーの世界

The world of automobile manufacturer

第4章 カー・デザイナーに学ぶ自動車開発・生産の世界

The world of automobile development

第5章 販売チャネルに学ぶ 自動車流通・販売の世界

The world of automobile distribution

第6章 オートサロンに学ぶアフターマーケットの世界

The world of aftermarket

第7章 ミニバンに学ぶ自動車市場の世界

The world of automobile market

第8章 耐久レースに学ぶ モータースポーツの世界

The world of motorsport

第9章 ハイブリッドに学ぶ自動車の未来
The future of automobile

カバーデザイン：金澤浩二
カバーイラスト：藤原徹司

第1章

メルセデスに学ぶ自動車の歴史の世界

Chapter 1 :

The world of automobile history

ALL ABOUT THE AUTOMOBILE BUSINESS

1

電気自動車（BEV）はエンジン車よりも先だった

近年、カーボンニュートラルという世界的な流れに沿って、電気自動車（BEV）に注目が集まっています。そして、「EVシフト」という言葉も耳にするようになりました。「EVシフト」とは、「これからはエンジンを搭載するクルマに代わって、電気自動車（BEV）が主流になる」という意味合いです。これを聞いて「古いエンジン車が、新しい電気自動車（BEV）にとって代わる」と捉えた人もいることでしょう。

しかし、実際のところは、ちょっと違います。なぜなら、電気自動車（BEV）は〝新しい〟ものではありません。電気自動車（BEV）が誕生したのは、はるか昔のエンジン車の黎明期よりも、さらに前のことでした。そして、馬車に代わってクルマという乗り物が普及しようとした黎明期において、電気自動車（BEV）は、エンジン車と、主役の座を争っていた存在だったのです。

それはいまから１００年以上も前の話です。ドイツにおいてエンジン車は、カール・ベンツ氏の手により１８８６年に発明されます。それが有名な「ベンツ・パテント・モトールヴァーゲン」です。

では、この１８８６年とは、どのような時代なのでしょうか？　１８８６年を日本でいえば明治19年になります。日本最初の鉄道となる新橋～横浜間が開通したのは１８７２年（明治5年）です。日本で初めての電灯である「アーク灯」がともったのは１８７８年（明治11年）のことでした。

つまり、ドイツでエンジン車が発明されたとき、世の中には、すでに蒸気機関は普及しており、電気も電灯も実用化されていたのです。

当然、電気自動車（ＢＥＶ）に必要なモーターもバッテリーも発明されていました。そのため、１８８１年にはフランスでトルーベ氏が充電できるバッテリーを搭載した、モーター駆動のクルマ、すなわち電気自動車（ＢＥＶ）を開発。同年、パリで開催された電気の博覧会に展示されています。エンジン車の発明よりも5年も前でした。

ちなみに、黎明期のエンジン車は、始動にクランクを手動で回す必要もありましたし、消音器（マフラー）も排気ガスの浄化装置もありません。つまり、始動は大変で、騒音も振動もすごくて、排気ガスもたくさん出ます。エンジンを冷やし、潤滑するためにオイルもたっぷりと使います。ですから、修理をすれば、手も真っ黒になってしまいます。騒々しくて汚いのがエンジン車だったのです。

一方で、電気自動車（ＢＥＶ）は、始動も通電するだけでＯＫ。騒音も振動も、ほとんどなく非常に静かですし、エンジン・オイルも使いませんからクリーンそのものです。また、蒸気機関を搭載した蒸気自動車もライバルとして存在していました。蒸気機関は、鉄道や船などで実績があります。ただし、蒸気機関は、走り出す前に水を沸かす必要があるため、始動に時間がかかるという大きな欠点を抱えていたのです。

そうした違いがあったこともあり、１９００年前後のクルマの黎明期において電気自動車（ＢＥＶ）は、有望な次世代の乗り物として期待されていました。１８９９年におけるアメリカの自動車製造記録によると、エンジン車の製造が年間９３６台だったのに対して、蒸気自動車は１６８１台、そして電気自動車（ＢＥＶ）も、１５７５台あったそうです。

ところが、そうした電気自動車（ＢＥＶ）の優位性も、エンジン車の改良と進化によって徐々に小さくなっていきます。さらに１９０８年に「Ｔ型フォード」が誕生し、エンジン車の価格がどんどんと安くなっていきます。それにあわせて、セルモーターや消音器（マフラー）などが実用化され、クルマの扱いもラクになってゆきます。

そうなると、給油が早くて、航続距離が長いというエンジン車の長所がいきてきます。

一方、電気自動車（BEV）は、充電に時間のかかる鉛バッテリーですから、使い勝手で劣ります。

そして、1910年代から20年代にかけての「T型フォード」の爆発的ヒットの陰に、電気自動車（BEV）は日陰の存在となってしまいました。

それから、現在までの約100年のあいだ、何度も電気自動車（BEV）を見直そうという機運が高まりました。日本では1940年代後半の終戦後のガソリン不足時代や、1970年代のオイルショック、1990年代に入っての地球温暖化対策の流れの中で、何度もEVブームと呼ばれる動きが生まれていたのです。しかし、これまで、そうしたムーブメントは普及にまで結びつきませんでした。

しかし、今回の「EVシフト」は、過去にない、大きな波となっています。ベンチャーであった電気自動車（BEV）専業メーカーであるテスラや、バッテリー・メーカーから発展した中国のBYDは、すでに世界的な大手自動車メーカーに成長しています。

数十年先の未来においては、2010年代後半の「EVブーム」がきっと歴史として語られることになるはずです。

ALL ABOUT THE AUTOMOBILE BUSINESS

2

メルセデスって誰？ 自動車メーカー名の由来

自動車メーカーの名前には、それぞれに由来があります。そして、その由来を知ることで、その自動車メーカーの歴史に触れることができます。

たとえばトヨタ。その名称の由来は、創業者である豊田喜一郎氏にあります。正確には豊田（とよだ）ですけれど、１９３７年の創業時に「トヨダよりもトヨタの方が、濁音がなく、さわやかで言葉の調子もいいこと。そして日本語でトヨタと書いた場合、総画数が縁起のいいとされる8画になること。さらに創業者の名字のトヨダから離れることで、個人の会社から社会的企業へと発展するという意味も込められていました」（「トヨタクルマ教室」より）という理由で、トヨタとなりました。

同様に、ホンダもマツダもスズキも、すべて創業者の名字が会社名となっています。ホンダは本田宗一郎氏、マツダは松田重次郎氏、スズキは鈴木道雄氏の名前が社名の由来となります。ちなみにマツダの英語表記は、ローマ字表記の「ＭＡＴＳＵＤＡ」ではなく、「ＭＡＺＤＡ」です。その理由は「ゾロアスター教の最高神で調和、知性と叡智を司るアフラ・マズダー（Ahura Mazda）にちなんだもの」（「マツダデジタルマガジンＭＡＺＤＡ ＤＩＣＴＩＯＮＡＲＹ」より）というもの。マツダは、アフラ・マズダーを自動車文明と文化の興隆の象徴と解釈したそうです。

それ以外にも、創業者の名前を社名にした自動車メーカーは、非常に多く存在します。全体を見れば、過半数が創業者にちなんでいると言えるでしょう。フォードにポルシェ、フェラーリもそうですし、プジョー、ルノー、シトロエン、さらにロールス・ロイスにベントレーも、すべて創業者の名前です。

その中で異彩を放つのがメルセデス・ベンツです。何が他と違うのかといえば、それが女性の名前だったからです。ベンツは、エンジン車を発明したカール・ベンツ氏の名前ですが、メルセデスは女性に使われる名前です。基本的に自動車という機械を製造する会社の創業者は男性です。その中で、唯一と言える女性名を冠するのがメルセデス・ベンツなのです。

では、メルセデスとは誰なのでしょうか？　それは、１９００年代初頭に欧州数か国で自動車販売を手がけたエミール・イエリネク氏の娘さんでした。イエリネク氏はオーストリア・ハンガリー帝国領事を務める大物であり、大富豪です。その彼が、当時のダイムラー（後にベンツ社と合併して、ダイムラー・ベンツ社となる）車を販売するにあたり、堅苦しいダイムラーの名前を嫌って、女性名をブランド名にしたというのです。ですから、メルセデスベンツと一気に表記せず、必ずメルセデスとベンツのあいだには、中黒（・）が入っているのです。

そうしたメルセデスのように、会社名ではなくブランド名を使う自動車メーカーは、他にも存在します。そのひとつがスバルです。スバルのルーツは、１９１７年創業の飛行機研究所（後の中島飛行機）です。第二次世界大戦中は東洋一の規模を誇る大きな飛行機会社となりましたが、戦後に12社に分割されてしまいます。そして、その中から5社が再結集し、母体とする富士重工業が１９５３年に設立します。そこで使われたブランド名がスバルだったのです。スバルは別名「六連星（むつらぼし）」と呼ばれる星団のこと。つまり、再結集した5社と新しく用意された1社をあわせた6社を、６つの星になぞらえたというわけです。そして富士重工業社は、２０１７年に社名をブランドと同じスバルに変更します。個人的には、数ある自動車メーカー名の中で、最もロマンティックな名称だと感じています。

また、自動車メーカー名に地名を使うケースもあります。ダイハツがそうですし、ＢＭ

Wやフィアットも地名が由来です。ダイハツのルーツは、1907年（明治40年）に大阪の地で創立した発動機製造（株）です。その大阪の「ダイ」と、発動機の「ハツ」を合わせたのがダイハツです。いまもダイハツの本社は、大阪の池田市ダイハツ町にあります。

ドイツのBMWの正式名称は「Bayerische Motoren Werke」であり、意味合いとしては「バイエルンのエンジン工場」となります。BMWの本拠地は、ドイツ南部のバイエルン州のミュンヘンにありますから、地名そのままが社名になっているのです。

そしてフィアットは「Fabbrica Italiana Automobili Torino＝FIAT（トリノ自動車製造会社）」です。トリノは、イタリア北部の町で、すぐ隣がアルプス山脈となり、それを超えるとフランスやスイスになる場所にあります。

同じイタリアのメーカーであるアルファ・ロメオは、地名＋人名がブランド名という名称です。アルファは「A.L.F.A.（Anonima Lombarda Fabbrica Automobili）＝ロンバルディアの自動車有限会社」というもの。そしてロメオは黎明期の経営を担ったニコラ・ロメオ氏となります。

メーカー名という当たり前のように使っているものですが、その由来を知ると、そのメーカーがもっと身近に感じられるはずです。ぜひとも、気になるメーカーがあれば、その由来を深掘りしてみるのはいかがでしょうか。

ALL ABOUT THE AUTOMOBILE BUSINESS

3

世界で初めてクルマの量産化に成功したフランス

エンジン車を発明したのはドイツ人です。1886年に最初のエンジン車の特許を取得したのはカール・ベンツ氏であり、同年にゴットリープ・ダイムラー氏も助手のマイバッハ氏と共に4輪のエンジン車を作り上げました。どちらもドイツ人です。クルマという、現在の世界の巨大な産業は、ドイツの偉大な発明あってのものと言えます。

しかし、クルマを産業として発展させた最初の功労者は、それとは別の国でした。それがフランスです。具体的に言えば、エンジン車を最初に量産したのはプジョーとパナールという、フランスの会社だったのです。プジョーとパナールは、ライセンス製造したダイムラーのエンジンを使って、1891年にエンジン車の量産を開始しました。これが世界初の量産車となります。ちなみに、パナールは後(1965年)にシトロエンに吸収され、そのシトロエンも1974年にプジョー傘下となっています。

つまり、ドイツのベンツとダイムラーは、エンジン車を発明したものの、それを量産して広く販売するのに手間取っており、その一方で、フランス勢が量産化を実現していたのです。そういう意味で、エンジン車を発明したのはダイムラーとベンツですけれど、初の量産車メーカーは、パナールを吸収しているプジョーと言っていいでしょう。

そんなプジョーの創業はエンジン車の発明のはるか以前となる１８１０年。フランス東部のエリモンクールにおいて家族経営の製鉄業としてスタートしました。工具や傘、コーヒーミルや自転車を製造し、高品質であることをアピールするライオンのエンブレムを使用しています。

また、作るだけでなく、黎明期のクルマという存在を大いにアピールしたのもフランスでした。１８８９年のパリ万博には、ベンツとダイムラーの2台のエンジン車が展示され、１９００年のパリ万博では交通館が設置されて多数の自動車が披露されました。

１８９４年7月には世界初のモータースポーツ・イベントがフランスで開催されます。パリの新聞社「ル・プティ・ジュルナル」が、「パリ・ルーアン・トライアル」を開催します。これはパリから約１２６㎞北西にあるルーアンまでを走るというイベントです。速さを競うのではなく、「旅行者にとって安全で運転しやすく、経費の少ないクルマ」を見つけるのが主題でした。そこにエントリーしたのは、エンジン車が14台と蒸気車7台。結果的に、蒸気車が最初にゴールしますが、蒸気車には、釜たき要員が必要であり、また他の蒸気車の完走率が低いため、2位と3位のエンジン車が繰り上げで優勝となりました。その2台のエンジン車がプジョーとパナールだったのです。こうした初期のモータースポーツ・イベントによりエンジン車の評判は徐々に高まってゆきました。そして、その名声にあわせてプジョーとパナールも生産規模を大きくしていきました。

また、1900年代に入るとルノー（1900年）が誕生。第一次世界大戦のあとには、シトロエン（1919年）も生まれました。フランスのクルマは欧州における一大勢力になってゆくのです。

それ以外にも、1900年頃から、いまに続く自動車メーカーが数多く誕生しています。先に紹介したフィアットの創業は1899年ですし、アルファ・ロメオは1910年です。フォードの創立は1903年のことでした。日本でも、1914年（大正3年）に、ダット自動車が完成します。ダット自動車は後に日産自動車に引き継がれ、「ダットサン」というブランドのルーツとなりました。

つまり、エンジンを搭載するクルマという乗り物はドイツで発明されましたが、フランスで量産化されたことをきっかけに、すぐに飛び火するようにあちらこちらで作られるようになったのです。

日本に住んでいると、目にするのは日本車がほとんどで、輸入車といえばドイツ車が大多数となります。また、市場として大きいのはアメリカと中国のため、どうしても、それ以外の国のクルマに気が付かないという人もいるでしょう。しかし、欧州にはフランスやイタリア、そしてイギリスと、それぞれに長い自動車産業の歴史が存在しています。

その中でも特にフランスは、自動車の黎明期において重要な役割を果たしました。また、世界のモータースポーツを管轄するＦＩＡ（国際自動車連盟）の本部はパリに存在します。いまもモータースポーツにおいてフランスは、大きな影響力を持っています。つまり、フランスは自動車の世界において重要な存在であるのです。

ALL ABOUT THE AUTOMOBILE BUSINESS

4 ── なぜカローラは大ヒットしたのか

日本でクルマが本格的に普及し始まったのは1960年代でした。この自動車普及はモータリゼーションと呼ばれています。その中で主役を演じていたのがトヨタの「カローラ」です。現代に置き代えるならば、「スマートフォンの普及で主役となったのがアイフォン」でしょう。そのアイフォンと同じ存在が「カローラ」だったのです。

その「カローラ」はどれだけヒットしたのでしょうか？

販売記録でいえば、初代の1969年（昭和44年）から2001年（平成13年）までの33年間にわたって「カローラ」は登録車として年間販売台数ナンバー1を守り続けました。こんな記録は、日本車で他にありません。また、日本全国には「カローラ」を売るための「カローラ千葉」のように「カローラ」＋「地名」という会社が存在しています。会社名として車名を使うほど「カローラ」が売れているということです。

もちろん「カローラ」は日本だけでなく、世界中で売れに売れまくっています。2021年にはシリーズ累計生産台数が5000万台を突破。日本だけでなく、世界150の国と地域で売れ続けています。トヨタが創業から2021年までの約84年で販売したすべてのクルマは累計2億6000万台でしたから、その5台に1台が「カローラ」だったのです。

では、なぜ、それほどに「カローラ」は売れたのでしょうか？

「安かった」というのは間違いです。なぜなら、トヨタは「カローラ」の前、1961年に、さらに安い「パブリカ」というクルマを発売しました。800ccの空冷水平対向2気筒エンジンを搭載しており、価格は35・9万円から。当時の為替レートが1ドル＝360円だったため、1000ドルカーとも呼ばれました。一般庶民にも手が届く、安価なクルマだったのです。ところが「パブリカ」は思うほど売れませんでした。実用一辺倒で質素だったからです。途中で内装を豪華にしたら売れ始めたのです。ここでトヨタは「安かろう、悪かろう、では売れない」ということを学んだのでしょう。

その後に登場した「カローラ」は、「80点主義」を掲げました。これは、走行性能や経済性、見栄えなどすべての点で80点以上を狙うという考えです。いま聞くと、「なんで100点満点じゃないの？」と思うでしょう。しかし、当時の時代背景からすれば80点でもすごいことでした。1960年代の日本の自動車は、まだ生まれたばかりであり、欧州車やアメリカ車と比べると劣った存在だったのです。そんな日本車で100点なんて言ったら、鼻で笑われてしまいます。昭和の時代の合格点とは35点。それ以下は赤点といって落第でした。80点ともなれば、その何倍もの高得点です。文句なしの高得点をすべての面でとるという意欲的な目標を掲げていたのです。

初代「カローラ」の開発を担当した長谷川龍雄氏は、トヨタのインタビューで以下のように答えています。

「80点以下の科目がひとつでもあってはいけない」、お客様に対して「ちょっとこの部分は物足りないけど、価格の関係で仕方がないのです」という精神があってはいけないというのがというのが「80点主義」の意味でした。だから、決して「80点以上は必要ないんだ」という意味ではありませんでした。

冷静な目で見れば「カローラ」は、カイゼンで知られるトヨタ生産方式で作られたクルマです。トヨタ生産方式は無駄を徹底的に省き、不良品を出さないのが特徴です。その結果、トヨタ車は、とても品質が高くなります。クルマでいう、高品質とは「悪い部品が混じっていない」ことも意味します。その結果、故障しにくくなります。昭和のクルマは、いまとは比べられないほど、故障が多いものでした。ところが、その中で、トヨタ車は圧倒的なまでに壊れにくいという評価を得ています。これこそが、トヨタ生産方式の恩恵です。しかも生産の効率がよいのですから、クルマを安く作ることができます。故障しにくいのに割安なのがトヨタ車であり、その代表格が「カローラ」だったのです。

安く、壊れず、どこから見ても高得点。今風に言えば、「コスパ最強」のクルマが「カローラ」というわけです。これは、「お客様のニーズを超える」という狙いが根底にあるからです。そんな「カローラ」で体現したクルマづくりが、いまのトヨタの基盤になっていると言ってもいいでしょう。

ALL ABOUT THE AUTOMOBILE BUSINESS

5

もはや日本向けの日本車は少ない!?

日本には資源がありません。そのため原材料を輸入して加工し、海外にモノを売るのが、製造業の基本となります。それは自動車産業もかわりません。

実際に、日本の自動車メーカーは、1960年代後半に始まったモータリゼーションの頃から積極的に、日本車を海外に販売するようになりました。日本から海外に向けての日本車の輸出は、1970年時点で約72・5万台でした。それが10年後の1980年になると、約395万台になります。10年で5倍以上にも増えているのです。

ところが、売れすぎると弊害も生まれます。その第一が貿易摩擦です。

1970年代から80年代にかけての日本車の輸出先は、もっぱらアメリカでした。70年代は何度かのオイルショックがありましたから、コスパと燃費のよい日本車は人気があり、アメリカでもよく売れたのです。しかし、その結果、現地アメリカの自動車メーカーの業績が悪化してしまい、日本車の排斥運動も発生してしまいました。そして、１９８１年に、日本からアメリカに向けての乗用車輸出に自主規制がおこなわれることになってしまいました。

また、海外への輸出が増えると、為替変動による影響が大きくなります。順調にクルマが売れても、ドルと円の為替が変わってしまうと儲け分が吹っ飛ぶ可能性も生じます。

そうした貿易摩擦と為替リスクを緩和する手段が海外への工場進出です。

１９８０年代になると、ホンダを筆頭に、日産、トヨタ、マツダ、三菱、富士重工業が海外自動車メーカーとの合弁などもおこないつつ、相次いでアメリカで日本車の生産を開始したのです。

そうした日本の自動車メーカーの動きとは別に、日本の自動車市場は１９９０年の年間約７７８万台をピークに、２０００年代から２０１０年代は５００万台レベル、２０２０年代は４００万台へと、徐々に収縮してゆきます。日本市場は、人口が減少状態に陥っているため、今後も市場のシュリンクは止まらないでしょう。

ところが、日本の自動車メーカーは、日本市場の縮小とは反対に、海外向けのビジネスで着々と成長を続けてきました。

たとえばトヨタは、１９７０年にグローバル生産が約１６０万台だったところ、

１９８０年には約３３８万台、１９９０年には４８９万台、２０００年に５１８万台、２０１０年に７６２万台、２０２０年には７９０万台、２０２３年には１００３万台と大きく成長を果たしました。１００３万台のうち、日本で生産するのは約３３７万台だけで、残りの６６６万台は海外の工場で生産しています。特にトヨタは、２０００年代に海外に積極的に進出することで、年間５００万台規模のメーカーから１０００万台プレイヤーに大きく成長しました。

これは、トヨタだけでなく、どの自動車メーカーでも同じで、ほぼすべてのメーカーが、国内よりも海外でのビジネスの方が大きくなってしまっているのです。海外進出が遅れたスズキでさえ、現在の売上の日本の占める割合は４分の１ほどで、残り４分の３は海外で稼いでいます。

つまり、もともとは貿易摩擦や為替リスクを避けるために海外に進出したものの、行ってしまえば、今度は海外でのビジネスの方が圧倒的に大きくなったのです。

そうなると、自動車メーカーの目は、どうしても売れるマーケットに向かざるをえなくなります。トヨタほど大きな会社であれば、日本市場向けに専用車種を用意することも容易でしょう。ところが、余力のない自動車メーカーは、日本向けを特別に用意することは、かなりの負担になります。たとえば、年間生産台数が１００万台前後のスバルはトヨタと比べると規模は10分の1ほどになります。そのスバルの主戦場はアメリカ市場です。そこに向けて、主力車種である「レガシィ」を現地向けに改良していったら、どんどんとクルマが大きくなってしまいました。その結果、日本市場向けには、もう一回り小さい「レヴォーグ」を用意することになります。

同じようにホンダの「シビック」もアメリカ市場向けに、どんどんと大きくなったクルマです。1972年誕生の初代「シビック」は、全長3405㎜という非常に小さなクルマでした。ところが最新モデルは、全長4560㎜の立派なセダンになっています。それもこれも「シビック」が最も数多く売れるアメリカ市場に合わせた結果です。

「なんか、昔のモデルが大きくなったな」という場合、ほとんどがアメリカなどの海外市場に向けて進化してしまった結果と言えるでしょう。

いまの日本で販売されているクルマで、日本市場に向けて専用で作られているのは、軽自動車を除くと、非常に少ないというのが現状です。具体的に言えば、ミニバンと一部のコンパクトカーくらいしかありません。それもこれも、自動車メーカーが成長するには、停滞した日本ではなく、海外市場で勝負する必要があったからです。

ALL ABOUT THE AUTOMOBILE BUSINESS

6

自動車業界スーパースター列伝

自動車業界には、スーパースターのような偉大な経営者が数多く存在します。そもそも、先ほど説明したように、自動車メーカーの名称の多くは創業者の名前です。そして、その多くが一代で、自身の自動車メーカーを世界に名だたる存在に育て上げています。エンジン車を発明したベンツ氏とダイムラー氏に始まり、フォード氏、クライスラー氏、ポルシェ博士、ルノー氏、シトロエン氏と、そのブランドの数だけ、奇跡のような成長の物語があると言っていいでしょう。すべてが偉大な人物です。

日本における偉大な創業者と言えば、本田宗一郎氏が該当します。ホンダのルーツは宗一郎氏が戦後に手に入れた発電機用エンジンを自転車に取り付けたところにあります。補助動力となるエンジン音が「バタバタ」ということから、この自転車は「バタバタ」と呼ばれて大成功を収めます。これが戦後間もない1946年のことでした。その後、宗一郎氏率いるホンダはオートバイメーカーとして成長し、1960年代からは4輪事業に参入。いくつもヒット車を生み出して、ホンダを世界的な自動車メーカーに成長させました。何の後ろ盾もない裸一貫からのスタートでのサクセスストーリーです。ちなみに、宗一郎氏は、引退後きっぱりと会社から身を引き、ホンダを同族企業にしなかったというのもユニークな点でしょう。

そして自動車メーカーには、創業者以外にも、中興の祖と呼べる歴史に残るような偉大な人物も数多く存在しています。たとえば、ポルシェ一族のひとりである、フェルディナンド・ピエヒという人物がいます。1990年代から2010年代にかけてフォルクスワーゲンを率いた人物です。ベントレーやランボルギーニやシュコダなど数多くのブランドを傘下に収め、停滞していたフォルクスワーゲンを世界屈指の巨大企業に育て上げました。現在のフォルクスワーゲンがトヨタと世界トップを争うことができるのも、ピエヒ氏の時代があったからこそと言えます。

そんなフォルクスワーゲンと戦うトヨタにも中興の祖と呼べる人物がいます。それが、つい最近までトヨタを率いた豊田章男氏です。創業家である豊田の出身として、リーマンショック後の2009年に社長に就任。その直後に、アメリカで発生したリコール問題という難局を乗り切ります。その後は、「もっといいクルマを作ろう」を合言葉に、自動化や電動化、さらにはコロナ禍という、次から次へと襲い掛かる大波の中を走り抜けます。その結果、社長就任時の2009年に約693万台だったトヨタのグローバル生産台数は、2023年に1003万台の大台達成にまで伸長しました。巨大な組織を見事に導いた偉人と言えるでしょう。

個人的には、1978年から2015年まで、長らくスズキのトップを務めた鈴木修氏が最もインパクトの強い経営者でした。修氏は、スズキの2代目社長の娘と結婚して、婿としてスズキの経営に参画します。優秀な人材を娘の婿として経営陣に取り入れるのは、日本古来の商家の習慣です。スズキは、いまでこそ年間326・5万台（2023年度）もの生産台数を誇る世界ベスト10に入る大企業ですが、1970年代はそんなことはありませんでした。年間18万台（75年）程度の小さな静岡の軽自動車専業メーカーだったのです。ところが、修氏は、そんな小さなスズキを率いて、70年代に停滞していた軽自動車市場を活性化させ、スズキの経営を再浮上させます。そしてGMとの提携やハンガリーやインドへの進出など、着々とスズキを成長させてゆくのです。

そんな修氏の特徴は「自分は中小企業のおやじ」というスタンスを通し、決して大物ぶらなかったところでしょう。また、コストカットを重視するあまり、「ケチ」と呼ばれることも多々ありました。修氏の「ケチ」にまつわる逸話は枚挙にいとまがありません。実際にスズキの社員と名刺交換をすると、その名刺の薄さ、安っぽさに驚いたこともあります。それでいて、信頼を大切にする浪花節の人でもあり、愛嬌もたっぷりある方でした。新車発表会などでの修氏のあいさつは、まるで熟練の落語家のような話しぶりで、参加者の注意をそらすことはありません。また、リーマンショック後の自動車業界再編の動きの中で、２００９年、スズキはフォルクスワーゲンと提携を結びますが、企業文化の違いもあったのでしょう、あっという間に2社の関係は悪化してしまい、提携を解消するしないで、国際裁判にまで発展します。世界最大手のフォルクスワーゲンに一歩も引くことなく、修氏は、毅然と戦う姿勢を見せてくれました。親近感があり、それでいて力強い経営者だったのです。

ちょうど2０００年代から自動車業界を取材してきた筆者にとって、歴史に残るレジェンドの一人といえる鈴木修氏を直接、見て、話を聞く機会を得られたのは、何よりの喜びであったと思えます。

ALL ABOUT THE AUTOMOBILE BUSINESS COLUMN

歴史を変えた名車　フォード「モデルT」

クルマの歴史を考える上で、決して見逃していけないのがフォードの「モデルT」でしょう。「T型フォード」と呼ばれることもあります。

このクルマのすごいところは、1908年に発売されてから1927年までの19年のモデルライフの中で、1500万7033台も生産されたことにあります。それまで馬を移動手段としていたアメリカ人に、クルマという新しい時代の乗り物を提供しました。世界初のモータリゼーションを生み出したのがフォードの「モデルT」だったのです。

ちなみに「モデルT」誕生の1908年は、日本で言えば明治41年。いまから100年以上も昔のことです。当時の日本では、モータリゼーションは遥かに遠く、個人の移動手段は馬車や人力車といったものに限られていました。

100年以上も昔に「モデルT」がそれだけの数を売りさばくことができたのは、いわゆるベルトコンベアを使ったライン生産方法を導入したことが理由となります。

１９００年代初頭は、クルマという製品の黎明期です。

生産は、ひとつずつ手作りすることが当然という時代です。そんな中でフォードは、ベルトコンベアの上にクルマを載せて、移動しながら作り上げるという方式を採用しました。これにより生産性が一気に高まります。

さらに、大量生産によるコストダウンも効いて、「モデルT」の値段はどんどんと安くなります。

そして、安くなれば、より広く売れるようになります。１９０８年の発売当初の「モデルT」の価格は８２５ドルから。それが１９２４年の最廉価モデルは２６０ドルにまで値段が下がっていたのです。

この低価格が、１モデルだけで１５００万台を売る理由となりました。また、１５００万台超もの「モデルT」は、中古車になっても流通します。中古車となり、さらに安いクルマとして、「モデルT」は、若者たちの初めてのクルマにもなりました。

アメリカの自動車文化を育てたのも「モデルT」だったのです。

ちなみに「モデルT」は、フォードの最初のクルマではありません。フォードの最初のクルマは１９０３年の「モデルA」です。

その後、フォードは「モデルB」、「モデルC」、「モデルK」、「モデルN」など、いくつもモデルを発売します。

そうした試行錯誤の末に誕生したのが「モデルT」だったわけです。

第2章

OEM車に学ぶサプライヤーの世界

Chapter 2 :

The world of supplier

ALL ABOUT THE AUTOMOBILE BUSINESS

1

自動車メーカーは何を作っているのか

自動車メーカーは、クルマを作る会社です。では、実際のクルマのどこを作っているのでしょうか?

クルマは約3万もの部品の集まりです。鉄のボディにガラスがハマっていますし、タイヤにはゴムが使われています。エンジンは鉄でできていますが、中にはオイルが入っています。また、鉛のバッテリーには希硫酸が湛えられています。室内に目を移せば、プラスチックの内装に布のシート。ドライバーが握るステアリングにはレザーが使われています。つまり、鉄にはじまり、ガラスにオイルに希硫酸、プラスチックに布、そしてレザーまで、幅広い素材が使われています。そのすべてを自社で作ることはできません。その多くの部品はサプライヤーと呼ばれる会社が作っているのです。

ですから、実際のところ自動車メーカー自身が作っているクルマの部品は、意外に少ないものなのです。では、具体的に、自動車メーカーが絶対に作っているものは何か？　といえば、それは鉄のボディです。エンジンも多くのメーカーが自身で作りますが、ごくまれにエンジンをもらってくることもあります。ただし、ボディだけは、ほぼすべてを自社で生産しています。

その理由はクルマの作り方を知れば理解しやすいでしょう。クルマの生産は、最初に鉄板から部品を切り出して折り曲げ、紙細工のようにボディを作り上げるところから始まります。そこで大活躍するのが、溶接をおこなうロボットです。ボディを載せたベルトコンベアの両側に溶接ロボットが並び、火花の中でクルマのボディを作り上げてゆきます。

そうしてできあがったボディ（ホワイトボディと呼びます）は、塗装工程に運ばれて錆止めと塗装がおこなわれます。その次に、エンジンをはじめガラスや内装といった約３万点にもおよぶ部品が取り付けられてゆくのです。

つまり、クルマの作り方は、鉄のボディを最初に作り、その後に部品を取り付けることになります。鉄のボディは、クルマで最も大きな部品ですから、それをあちこちに運ぶことはナンセンスです。そうしたわけで自動車メーカーは、必ずボディを作ることになります。

もちろん、３万点におよぶ部品のすべてが汎用品というわけではありません。多くの部品が、車種ごとの専用品となります。部品を買ってくればいいというほどクルマは簡単な製品ではありません。部品ひとつひとつについて、自動車メーカーとサプライヤーが細かく調整します。これを「すり合わせ」と呼びます。

製品として世に送り出される前には、企画があり、デザインなども含めた開発が必要になります。試作品ができたら、実際に走らせてみて走り具合などを調整し、品質や安全性を確認します。最後には国の基準をクリアして認証を受けなければなりません。こうした開発のすべてを担うのが自動車メーカーとなります。

そして開発されたクルマを生産するのも、それほど簡単なものではありません。部品を作るサプライヤーと協力して、部品を作って運ぶ手配をしなければなりません。組み立てる方法や手順も確認が必要です。そのため、どんなクルマも、最初はゆっくりと生産を開始し、徐々にペースを上げてゆくことになります。

この生産の部分が自動車メーカーの実力のひとつになります。どれだけすばらしいデザインと機能を持っていても、生産が下手では、できあがってくるクルマという製品の出来が悪くなります。具体的に言えば、部品のとりつけが悪くて不格好であったり、故障しやすかったりしてしまうのです。

そして、この生産部門の優秀さが日本の自動車メーカーの特徴のひとつとなります。きめ細かく丁寧な仕事ぶりから生み出される日本車は、〝故障が少ない〟という点で世界トップレベルと言えます。

そういう意味で、自動車メーカーが内製するのは鉄のボディだけのこともありますが、信頼性を含めた製品としてのクルマは、自動車メーカーの努力によって生み出されています。

また、クルマという製品は、ひとつひとつが非常に個性的です。自動車メーカーごとに、それぞれ独自の色合いも存在します。同じジャンルで、同じようなサイズのクルマであっても、メーカーが異なれば、そのキャラクターも特徴も異なります。そうした個性も自動車メーカーが作るもののひとつとなります。

ALL ABOUT THE AUTOMOBILE BUSINESS

2

ティア1、ティア2って何？

クルマは、約3万もの部品が使われています。そして、その多くが、自動車メーカーではなく、それ以外の会社が作っています。そうした自動車メーカーに部品を提供する会社がサプライヤーです。

また、サプライヤー自身も、部品を作るための素材や部品を、他の会社に作ってもらっていたりします。たとえばカーナビを作るサプライヤーが、ディスプレイは別の会社のものを使っていたりするケースです。その場合、自動車メーカーに最初に部品を提供するのが、一次サプライヤーとなり、その一次サプライヤーに部品を納める会社は、二次サプライヤーと呼びます。こうした構造は、多いときでは五次や六次にまで及ぶことがあります。また、一次サプライヤーはティア1、そして二次サプライヤーはティア2と呼ばれることもあります。

日本には自動車用部品専門のサプライヤーが６０００社ほどもあり、専門ではないけれど自動車用部品も手掛けるというサプライヤーは、その10倍ほどもあるといわれています。ですから、当然、サプライヤーの売り上げ高も相当な高さとなります。

では、その高さはどれほどのものになるのでしょうか。まず、ベースとなる日本の自動車産業の規模は、年間出荷額56兆３６７９億円（２０２１年）で、日本の製造業の約17・1％を占めています。業種別では電気などを抑えてトップです。これは自動車メーカーとサプライヤーが混ざった数値です。

その数値のうち、サプライヤーだけの出荷額はどれだけになるのかといえば、34兆７４３６億円にもなります。つまり、自動車関連の出荷額の半分以上がサプライヤーとなっているのです。そして、サプライヤーの年間34・７兆円という規模は、電気機器の42兆円には及ばないものの、31・７兆の化学、19・７兆の鉄鋼、15・８兆円の金属製品を上回る数字となります。

そんな日本のサプライヤーには、大きな特徴があります。それが系列です。日本のサプライヤーの多くは、個別の自動車メーカーと共に成長してきました。日本にクルマが普及するのにあわせて、自動車メーカーは子飼いのサプライヤーを用意し、共に育ててきた歴史があるのです。実際に資本で結びついていることがほとんどです。

そのため、サプライヤーが作る部品を、自動車メーカーが開発・設計するケースが多々あります。自動車メーカーが、生産する部品の設計図を用意しているのです。もちろん、技術力の高いサプライヤーが、自社で部品を開発・設計することもあります。それでも、自動車メーカーとサプライヤーは、一蓮托生という、共同体であることは変わりません。

実際に、どのような系列があるのかといえば、トヨタの系列と呼ばれるサプライヤーには、アイシン、デンソー、豊田自動織機、ジェイテクト、豊田合成、トヨタ紡織、愛知鉄鋼が存在します。日産はジヤトコ、マレリ。ホンダは日立アステモが有名どころです。ただし、日産とマツダは、2000年代に系列の多くと関係解消しています。

ちなみに、ここに挙げたサプライヤーは、すべてティア1に該当する大手企業です。その売り上げ高は大きく、大手ティア1のサプライヤーであれば、自動車メーカー並みの売り上げとなります。たとえば、アイシンの2023年の売り上げは4兆4028億円にもなり、スバルやマツダに匹敵する数字となっています。

サプライヤーのビジネスは、BtoBであるため、自動車メーカーほどの知名度はありませんが、その技術力と経済力は大きく、隠れた巨人と呼べるでしょう。

ALL ABOUT THE AUTOMOBILE BUSINESS

3 日本と海外のサプライヤーの違い

日本にサプライヤーがあるように、海外にも数多くのサプライヤーが存在します。しかも、規模が非常に大きく、メガ・サプライヤーとも呼ばれます。名前を挙げれば、ドイツのボッシュ、コンチネンタル、ZF、そしてフランスのヴァレオ、フォルシア。北米ではマグナインターナショナル、アプティブが大きな存在感を放っています。

そうした海外のサプライヤーと日本のサプライヤーには違いがあります。日本は、自動車メーカーを頂上とする垂直統合型のサプライチェーンが育ってきました。もちろん、複数の自動車メーカーと取引をおこなう独立したサプライヤーも存在しますが、自動車メーカーと資本関係のある系列サプライヤーを主流とする歴史があります。

一方、海外の場合、自動車メーカーとサプライヤーの距離感が日本とは異なります。海外のサプライヤーは、もっと独立性が高いのです。ひとつのサプライヤーが複数の自動車メーカーに部品を供給します。日本が垂直統合型ならば、海外は水平分業型です。

水平分業で製品が成り立つ代表格がパソコンでしょう。パソコンという製品は、同じインテルのチップを複数のパソコン・メーカーが使います。それと近いスタイルなのが、海外のサプライヤーなのです。もっとも、自動車部品の場合、汎用部品を買ってきて、そのまま使うわけではなく、必ずすり合わせと呼ぶような、製品ごとの適合化が求められています。クルマという製品は、パソコンほど部品の汎用性は高くはありませんが、それでもサプライヤーの独立性が高いという意味で、水平分業と呼んでいいでしょう。

また、海外のサプライヤーは、自身で技術を開発して、それを自動車メーカーに売り込むというスタイルをとるため、高い技術力を誇るのも特徴です。近年でいえば、クルマの自動運転の重要な部品となるライダー（レーザーセンサー）と呼ばれるセンサーも、海外のサプライヤーが一歩先を進んでいます。これから先、クルマの自動化のキーとなる技術を先導するのが海外のメガ・サプライヤーとなっているのです。

では、そんなメガ・サプライヤーの特徴を紹介しましょう。

世界屈指の大手であり、ドイツのナンバー1サプライヤーとなるのがボッシュです。ボッシュの2023年の売上高は916億ユーロ（約13・9兆円）にも及びます。ボッシュは電子制御式のガソリン燃料噴射システムやＡＢＳ（アンチロックブレーキシステム）を開発したことで知られます。古くから自動車に欠かせない基本的な技術を数多く生み出しています。

コンチネンタルは、タイヤ・メーカーからスタートするものの、いくつものサプライヤーを併合することで、いまではセンサーからブレーキ、メーター／ディスプレイ、ソフトウェアまでを手掛ける総合的な技術を備える企業に成長しています。近年は、クルマの自動化やコネクティッド化に力を入れています。そして、ＺＦはトランスミッションなどの駆動系やシャシーなどの走行性能にかかわる技術に強みを持っています。

ヴァレオは、１９００年代初期のブレーキやクラッチ製造から徐々に事業を拡大していったフランスのサプライヤーです。現在は日本の市光工業もグループのメンバーとしており、ライト関係にも力を入れています。

マグナは第二次世界大戦後の１９５０年代にカナダで生まれたサプライヤーです。樹脂や金型に始まり、いまではボディや電装系、インテリアやパワートレインまで幅広い製品を扱うようになりました。子会社であるマグナ・シュタイヤーでは、トヨタ「スープラ」の受託生産もおこなっています。

これら海外のサプライヤーの部品は、日本の自動車メーカーも使用しています。また、逆に、日本のサプライヤーの部品を海外の自動車メーカーで使うこともあります。実のところ自動車部品の世界では、その国境が限りなく低くなっており、グローバル化が進んでいます。そのためドイツの自動車メーカーと、中国の自動車メーカーが同じ部品を使うということもあるのです。つまり、現在では、部品レベルの差はほとんどなく、数多くの部品を上手に使いこなすためのコーディネート力が自動車メーカーの実力となっています。

ALL ABOUT THE AUTOMOBILE BUSINESS

4 サプライヤーで働く人々

コロナ禍の真っただ中である2021年元旦に、当時、トヨタの社長であり、日本自動車工業会の会長であった豊田章男氏からの「私たちは、動く。」という広告が、新聞各紙に掲載されました。そこには「クルマを走らせる550万人」に向けて、厳しい状況の中で「いまこそ動き出そう」という激励の言葉が躍っていました。3分にもおよぶCM動画も同時に公開されました。コロナ禍で閉塞していた雰囲気を吹き飛ばす、熱いメッセージが込められていたのです。そんなCMを眺めながら、気になったのが「550万人」という数字です。自動車業界の人はそれほど多かったのか！　と驚いたのです。そこで調べてみると、日本の就業者数は、総務省統計局のデータによると2020年の時点で6676万人でした。コロナ禍でしたが、コロナ直前の2018年の6664万人を超えています。ある意味、苦しい時期なのに、日本の企業は従業員の首をむやみに切らなかったことを意味しています。日本企業のやさしさというか底力を感じる数字です。

ちょっと脱線してしまいましたが、日本の就業者数、つまり働いている人6676万人のうちクルマに関わる人が550万人もいるというわけです。1割に近い（正確には8％ほど）数字です。自工会によると、550万人（正確には549万人）の内訳は、製造部門が89万人、利用部門（貨物や旅客運送業など）に271・8万人、関連部門（給油や保険、リサイクル、駐車場など）に39・5万人、資材部門（電気機器、非鉄金属、鉄鋼、化学工業、プラスチック／ゴム／ガラス、電子部品、情報サービスなど）に46・7万人、販売・整備部門（小売り、卸売り、整備業）に101・8万人となります。「作る」、「売る」だけでなく、「運ぶ」という利用部門が半数近いことに驚かされます。とはいえ、そうした貨物や旅客がなければ、私たちの生活は成り立ちません。まさに自動車産業は、日本を支える大きな柱であることが理解できます。

そんな「クルマを走らせる550万人」の中で、「作る」を担うひとつがサプライヤーです。そこで働く人の数は約63・9万人にもなります。ちなみに自動車製造業、いわゆる自動車メーカーで働く人は約19・3万人。つまり、サプライヤーで働く人は、自動車メーカーよりも3倍も多いのです。

自動車のサプライヤーは、BtoBビジネスということで、どれだけ大きな会社でも自動車メーカーと比べると、その知名度の低さが残念なところです。また、事業所のほとんどが地方都市にあるため、華やかな都心部で働くこともできません。そして、製造業ですから、当然、制服は工場で着用する作業服。正直、相当に地味なイメージです。

実際に、取材を通じて出合ったサプライヤーの人たちは、モノづくりに真摯に向き合う、まじめな人が多いという印象でした。地方にありながら世界的な大企業であったりしますから、地方に生まれ育った人が、地元の理系の学校を出て、地元の大きな企業に就職したら、たまたまそれがサプライヤーであったというケースもあるはずです。

一方で、「クルマが好きだからサプライヤーに就職した」人も、相当数に多いようです。サプライヤーで働く人から、直接に「クルマが好き」であることを聞いたことも数多くあります。ある人物は「メーカーに就職すると、そのメーカーのクルマにしか携われない。サプライヤーならば、複数のメーカー、それも国内だけでなく、海外のメーカーとも仕事ができる」とも言います。たしかに、近年は、国内の系列にとどまらずに海外の自動車メーカーと取引をする日系サプライヤーも存在します。たとえばプジョーのハイブリッドカーには、日本のサプライヤーであるアイシン独自のシステムが採用されていました。あまり表には出てきませんが、サプライヤーには、そこならではの働く楽しみや魅力というものがあるのです。

ALL ABOUT THE AUTOMOBILE BUSINESS

5 タイヤ・メーカー同士の飲み会はご法度

3万もあるクルマの部品の中で、特別な存在となるのがタイヤです。タイヤは、寸法さえ合致すれば、どのクルマにも装着することができます。非常に汎用性の高い部品なのです。また、材料をはじめ製法なども特殊なため、タイヤは専門メーカーが作るものとなっています。その結果、タイヤのメーカーは系列サプライヤーとは一線を画した存在となり、複数の自動車メーカーにタイヤを供給しています。

実のところ、大昔、ブリヂストンがプリンス自動車（後に日産自動車と合弁する）の経営に携わっていたことがありました。しかし、そうなると、逆にプリンス自動車以外との付き合いが難しくなるため、経営から離れたという経緯もあります。

そして、そんなタイヤのメーカーには、他にはない、変わった業界ルールが存在します。それが、競合他社とのお付き合いの制限です。「別のタイヤ・メーカーの人間と飲みに行くなんてダメ」と言われているのです。

これは、公正取引委員会対策のためのルールと言えるでしょう。公正取引委員会は、私たち消費者のために企業の独占を防ぎ、公正で自由な競争を守ることが仕事です。タイヤという商品は、汎用性が高いだけでなく、性能差がわかりにくいという特徴もあります。その結果、安易な価格競争に陥る可能性があると判断されがちです。タイヤ・メーカー同士による「カルテル」（企業同士が相談して価格を定めて競争をやめようという行為）を疑われる可能性があるのです。

そのため、公正取引委員会に無駄に疑惑の目を向けられないために、他社の人間とは、あまり親密にならないようにという狙いがあるのです。痛くもない腹を探られないための業界ルールというわけです。

ちなみに自動車メーカーには、そのような業界ルールはありません。クルマという製品は、それぞれの製品ごとに個性や性能が異なるため、価格を調整するカルテルがしにくいというのが理由なのでしょう。

とはいえ、実際の近年のタイヤは、サイズの汎用性はありますが、性能そのものは、個々の差が非常に大きなものとなっています。見た目は、すべてのタイヤは黒くて丸いものですが、性能的には雲泥の差があったりするのです。また、狙う性能も異なり、その内容はまさに千差万別。価格だけで選ぶような製品ではありません。

具体的に言えば、新車に装着されているタイヤは、そのほとんどが、そのモデル専用品として作られています。同じタイヤ・メーカーの同じ銘柄のタイヤであっても、Aというクルマと、Bというクルマに新車装着されるタイヤでは、中身が異なっているのです。

どのような違いがあるのかと言えば、タイヤに備わる複数の性能のバランスが異なっているのです。タイヤに求められる性能は数多く存在します。耐久性にはじまり、乗り心地性能、静粛性、カーブやブレーキで発揮されるグリップ性能、燃費性能に直結する転がり抵抗、そして価格です。これら複数の性能の、どれを伸ばすのかがタイヤの開発となります。たとえば高級車であれば、少々価格が高くなっても、全体の性能を高めるようにします。スポーツカーなら、静粛性や乗り心地が悪くなってもいいから高いグリップ力を目指します。燃費を大切にするのであれば、転がり抵抗を少なくします。こうした、タイヤの各種性能をモデルごとに調整して、専用のタイヤが作られているのです。

しかも、タイヤほどクルマの性能に大きな影響を与える部品はありません。燃費をコンマ1高めるために、エンジンだけで実現しようとすると、非常に大きな労力と開発費が、かかってしまいます。部品ひとつ開発するだけで、簡単に数千万円、数億円もかかってしまうのです。ところが、タイヤであれば乗り心地と静粛性を少々我慢するだけで、簡単に燃費を高めることも可能だったりするのです。

ですから、新車を購入後に、愛車の性能を高めたいと思ったら、タイヤを高級品に交換するのが、最も手早く、そして確実な方法となります。たしかに、タイヤ代金は高くなりますが、それと同等の性能向上を他の部品で実現しようとすると、ものすごく高額になってしまいます。乗り心地をよくしようとすれば、サスペンションを全部交換する必要があって、数十万円単位でお金がかかりますが、タイヤ交換ならば、もっと安く済んでしまうのです。

そういう意味で、タイヤは見た目ではわからないけれど、恐るべき高いポテンシャルを秘めた部品となります。タイヤ交換をするときは、安易に安物を選ぶのではなく、ワンランク上の製品を選んでみるのはいかがでしょうか。きっと驚くほど、クルマの性能が変わるはずです。

ALL ABOUT THE AUTOMOBILE BUSINESS

6

OEM車が増え続ける理由とは

近年、着々と増え続けているのがOEM車です。

OEMとは「オリジナル・イクイップメント・マニュファクチャリング（Original Equipment Manufacturing）」の略で、相手ブランドで販売される製品の受注生産を意味します。たとえばトヨタで販売されているクルマでも、その実は、他の自動車メーカーが開発・生産しているというのがOEM車となります。

具体的に名前を挙げれば、トヨタならばコンパクトクロスオーバーの「ライズ」、コンパクトミニバンの「ルーミー」、軽スポーツの「コペンGR」、スポーツカーの「GR86」、そして「スープラ」、さらに軽自動車の「ピクシス　エポック」「ピクシス　トラック」「ピクシス　バン」がOEMになります。「ライズ」に「ルーミー」「コペンGR」「ピクシス」はダイハツから、「GR86」がスバルから、「スープラ」がマグナ・シュタイヤー社（BMW

との共同開発）から供給となります。

日産ならば、軽商用の「クリッパー・シリーズ」がスズキからのOEM車になります。

マツダは、軽自動車の「フレア」「フレアワゴン」「フレアクロスオーバー」「キャロル」「スクラムワゴン」をスズキから、商用車の「ボンゴブローニイバン」「ファミリアバン」をトヨタから、「ボンゴ」をダイハツからOEM供給されています。

そしてスバルは、コンパクトミニバンの「ジャスティ」とクロスオーバー「REX」、軽自動車の「シフォン・シリーズ」「ステラ・シリーズ」「プレオプラス」「サンバーバン」「サンバートラック」をダイハツからOEM供給されています。

そしてスズキはミニバンの「ランディ」をトヨタからOEM供給されています。ダイハツも、以前は、トヨタからセダンの「アルティス」をOEM供給されていました。

また、これまでOEM供給を受けていなかったホンダも、2024年8月に日産との戦略的パートナーシップを発表し、OEMの協議を行っています。

つまり、日本の自動車メーカーのほとんどが、どこかからのOEM供給を受けているというのが現実です。

これらOEMには共通した理由があります。それは「自社で開発・製造するよりも得意なところに任せよう」というものです。

特に近年は、儲けの少ない軽自動車と商用車から撤退する自動車メーカーが続出しました。ところが、自動車メーカー側が、軽自動車を作るのをやめても、軽自動車を求めるユーザーが残っていることがあります。その場合、メーカーにやってくるユーザーに「商品がないから他のメーカーに行ってください」とはなかなか言いにくいものがあります。そこで、ダイハツやスズキといった軽自動車を得意としているところに、OEM供給をお願いするという流れが生まれています。

また、商用軽バンの電気自動車版という、意義はあるけれど、実際に売れる数が少ないというモデルに関しては、スズキとダイハツといった競合が共同開発するという動きも見せています。

登録車に関しても、「得意なところが開発・生産をおこなう」というのが基本となっています。特に、トヨタは、小さなクルマを得意とするダイハツを子会社に持っていますから、軽自動車だけでなく、登録車も小さなクルマはダイハツに任せるというケースが多々見られます。また、1960年代の名車「トヨタ2000GT」の生産をヤマハに任せるなど、トヨタは昔からスポーツカーの生産を外に出すという歴史もあります。近頃の「GR86」や「スープラ」をOEMにするのも、トヨタの伝統とも言えるでしょう。

こうしたOEM増加の流れは、自動車の開発にお金がかかりすぎるというのも理由のひとつです。最近のクルマは、電動化を筆頭に、先進運転支援システムやコネクティッド、ソフトウェアの高度化など、進化の度合いが早まるばかりです。そうなれば、当然、開発にかかる費用もうなぎのぼりとなります。儲かるモデルならいざ知らず、コストに厳しい軽自動車や商用車、さらには売れる数の少ないスポーツカーは、手の出しにくいクルマとなってしまいます。そこで、得意なところにＯＥＭをお願いしようという流れになりました。今後もクルマの進化はとどまることはありませんから、ＯＥＭの拡大は、まだまだ続くのではないでしょうか。

ALL ABOUT THE AUTOMOBILE BUSINESS COLUMN

歴史を変えた名車　トヨタ「2000GT」

トヨタがサプライヤーであるヤマハと共に作り上げたスポーツカーがトヨタ「2000GT」です。1965年の東京モーターショーで発表され、2年後の1967年に発売となりました。流麗な2シータースポーツカーで、X型バックボーンフレームを備え、ダブルウィッシュボーン／コイルスプリングの4輪独立懸架サスペンションに、4輪ディスクブレーキ、マグネシウム合金製ホイール、リトラクタブルヘッドライトなどを採用。当時の日本車の量産車として初めて採用されるものばかりでした。また、最高出力150馬力の2リッター6気筒エンジンを搭載し、最高速度は時速220㎞を誇りました。価格は東京渡しで238万円。当時の日本車の最高速度は時速130㎞程度しかありませんでしたし、1966年発売の「カローラ」の価格は、最上級で49・5万円でした。4倍以上もの値段差があったのです。

そして、「2000GT」は、発売に先駆けた1966年秋に谷田部の高速周回路テストコースにて、高速耐久トライアルに挑戦し、3つの世界記録と13もの国際記録を達成しました。さらには1967年公開の映画『007は二度死ぬ』に、プロトタイプが起用されます。いまも続く世界的な人気映画『007シリーズ』は、常に最新&高性能なスポーツカーが登場し、カーアクションを見せるのが伝統です。そこに日本車が起用された意義は、非常に大きなものと言えるでしょう。

つまり、「2000GT」は1960年代の日本に突如現れた、世界水準の高性能スーパーカーだったのです。

そんな「2000GT」の開発の担い手となったのがヤマハです。オートバイでの高性能エンジン作りに定評があったヤマハを、トヨタはスポーツカーづくりのパートナーに指名しました。そして、「2000GT」でスタートした関係は、その後も継続します。

トヨタが世に送り出した高性能エンジンの多くにヤマハが協力していたのです。「セリカ」に搭載された3S系エンジンや、「スープラ」に搭載された6気筒の1JZ系エンジンは、ヤマハの手によるものです。トヨタが2010年に3750万円で生産・発売した、和製スーパーカーとでもいう「レクサスLFA」のV10型エンジンもヤマハが開発しました。「レクサスLFA」は、〝天使の咆哮〟とも呼ばれる、エンジン音が大きな魅力となっています。それもヤマハの仕事だったのです。

自動車メーカーのすばらしい仕事の裏には、優秀なサプライヤーが存在しています。それを象徴するような名車のひとつが「トヨタ2000GT」と言えるでしょう。

第3章

ブランドロイヤルティに学ぶ自動車メーカーの世界

Chapter 3 :

The world of automobile manufacturer

ALL ABOUT THE AUTOMOBILE BUSINESS

1
世界の自動車メーカートップ10

世界には数多くの自動車メーカーが存在しています。どんなメーカーがあるのかを知るには、その販売数を見るのが一番わかりやすいでしょう。そこで、2024年の新車販売を調べてみると順位は以下のようになりました（筆者調べ）。

1位　トヨタ　1082万台
2位　VW（フォルクスワーゲン）グループ　903万台
3位　現代グループ（起亜を含む）　723万台
4位　GM（ゼネラルモーターズ）　600万台
5位　ステランティス　542万台
6位　フォード　447万台

7位　BYD　427万台
8位　ホンダ　380万台
9位　日産　335万台
10位　スズキ　325万台

数字を挙げてみれば、トヨタとフォルクスワーゲンが抜きん出ていることがわかります。トヨタは、北米、中国、欧州、日本、アセアンと世界中で一定のシェアを確保しているのが特徴です。フォルクスワーゲンは、欧州と中国を得意としています。

３位となる現代グループは韓国の自動車メーカーです。日本では苦戦しており、一時的に市場撤退していましたが、２０２２年から電気自動車（ＢＥＶ）中心のラインナップで日本へ復帰しました。とはいえ、いまも年間で数百台規模でしか売れていません。ただし、世界市場に目をやれば、現代グループのクルマはコスパのよさで日本車と対等に戦うという存在です。あなどれない相手と言えるでしょう。

ステランティスを間に、4位と6位になるのがＧＭ（ゼネラルモーターズ）とフォードというアメリカの2社です。かつてＧＭとフォードは、クライスラーと共にビッグ3と呼ばれており、世界最大級の存在でした。ところが、２０００年代終盤のリーマンショックの直撃を受けて、経営はボロボロに。かつての勢いは消え失せてしまいました。また、北米市場はまだしも、欧州や中国市場では振るいません。それでも、4位と6位にランクインしているのは、それだけ北米市場が強いということでしょう。ちなみに、第二次世界大戦前の日本市場では、GMとフォードが高いシェアを誇っていました。まだ、日本車が生まれる前でしたから、その当時の日本ではクルマ＝輸入車の時代だったのです。つまり日本とGMとフォードの付き合いは長い歴史を持っています。ところが戦後は日本車の成長と共にアメリカ車の人気は低下。結果、フォードは2016年に日本から撤退。GMも看板ブランドであるシボレーが、日本では数百台規模でしか売れていません。現代グループと同様に、日本では苦戦しています。

5位のステランティスは、2021年に誕生したばかりの自動車メーカーです。突然に世界5位が生まれたわけではなく、もともとあった2つの自動車メーカーのグループが一緒になって生まれた会社です。以前の会社は、フィアット・クライスラー・オートモビルズと、グループPSAです。フィアット・クライスラー・オートモビルズは、フィアット、アルファロメオ、アバルト、ランチア、マセラティ、クライスラー、ジープ、ダッヂ、ラムトラックなどを傘下に持つ会社でした。アメリカとイタリアのブランドを中心としています。そして、グループPSAは、プジョー、シトロエン、DS、オペルというフランスを中心にした欧州系の会社でした。この2つの会社が合併したことで、アメリカ、イタリア、フランスのブランドをまとめた、新しい世界5位の勢力が誕生しました。ひとつひとつのブランドの売れる数は少なくとも、ひとつに集まったことで、大きな力を発揮できるようになったのです。日本でもジワジワと販売を伸ばしています。

そして7位にランクインしたのが中国のBYDです。1995年創業ですから、わずか30年で世界トップ10に届くまでの急成長を遂げています。もともと電池メーカーですから、日本には電気自動車を携えて2023年に市場参入しましたが、中国本土では、ハイブリッドも数多く販売しています。エンジンを作る力も持った注目の存在となります。

8～10位は、ホンダ、日産、スズキという日本メーカーが続きます。日本国内にいると、意外と自動車メーカーごとの力関係を把握しにくいもの。「トヨタが売れている」というのはわかるでしょうけれど、それ以外のメーカーの力がどの程度かを把握するのは難しいのではないでしょうか。そういう意味で、現在のホンダ、日産、スズキは、同程度の規模感のメーカーと言えるでしょう。国内にいると、もしかするとスズキのことを「軽自動車ばかりのメーカーで、ひとつ下」と捉えてしまうかもしれません。しかし、スズキは、コスパのよいクルマづくりで、インドで最大のシェアを誇るだけでなく、東欧やアセアンでも一定のシェアを確保しています。2023年に発表した経営計画では、「2030年には21年度の2倍となる7兆円の売り上げを目指す」とぶち上げています。いまなお成長過程という、注目のブランドです。

ちなみに、スバルやマツダ、三菱自動車はベスト10に入っていません。また、日本で輸入車として知名度の高い、メルセデス・ベンツとＢＭＷもありません。それらが、どの程度なのかといえば、スバルとマツダ、そして三菱自動車は、それぞれ年間１００万台前後といったところ。ＢＭＷはミニを含めて２５０万台ほど、メルセデス・ベンツは２００万台ほどです。知名度と比較すると、意外と数が少なかったりするのです。

ALL ABOUT THE AUTOMOBILE BUSINESS

2 トヨタは何がすごいのか

トヨタは、世界一の販売台数を誇る自動車メーカーです。2024年は、トヨタ（レクサスを含む）だけで1016万台のクルマを販売しました。子会社であるダイハツと日野をプラスすると、1082万台にもなります。

その販売の地域別の内訳を見てみると、1016万台のうち、北米が273万台、欧州が117万台、中国が178万台、アジアで144万台、日本で144万台、中東とアフリカとオセアニアで112万台、中南米が49万台となっています。どこかの地域に偏ることなく、世界各地でまんべんなく売れていることがわかります。世界のどこであっても売れるというのは、世界中の人が認める価値がトヨタにあることを意味しています。

では、トヨタならではの価値は、どこにあるのでしょうか？

個人的にトヨタの最大の強みと見えるのは「品質」です。「品質」とは何か？　というと、人それぞれ、いろいろなことを思い浮かべるはずです。ピカピカの仕上げのよさ、部品同士が隙間なくぴったりと組みあがっている様子、故障の少なさ、走行性能や機能の充実度までもが「品質」と考える人もいることでしょう。

それに対してトヨタは品質を「製品品質」「設計品質」「サービスの質」などを生み出す、「仕事の質」と定義しています（トヨタ自動車75年史「品質」より）。また、「製品の品質の良し悪しは、お客様が判断するもの」を原点とし、「商品の品質は当然として、お客様との信頼関係、使用時の経費・燃費といった経済性をも含めて、品質保証と定義している」とも言います。つまり、「お客様が満足する」ことが品質のよさとして、すべての面で努力するというのです。

また、トヨタ製品の品質のよさの具体的なメリットとして、「故障のしにくさ」があります。信頼性と耐久性に優れているのです。近年のクルマは、どこの自動車メーカーも信頼性と耐久が高まっていて、あまり差が出なくなりました。しかし、昭和や平成の時代のクルマは、よく故障をしていたのです。特に、輸入車と日本車を比べると、その差は歴然としていました。そこに日本車の強さがあったのです。

欧米の自動車メーカーに比べて、日本の自動車メーカーは後発となります。第二次世界大戦以前は完全に日本の自動車メーカーが遅れていました。トヨタは豊田自動織機製作所時代の1935年に最初のクルマである「G1型トラック」を開発しましたが、このトラックは故障に悩まされました。あまりにも故障が多いため、当時のトヨタの社長である豊田喜一郎氏が、現場にかけつけて修理したそうです。その様子は、いまも豊田市にあるトヨタ鞍ヶ池記念館のジオラマに残されています。そうした失敗を経験とし、豊田喜一郎氏は、「お客様第一」「現地現物」を謳い、再発防止にあたったとされています。具体的には、1937年のトヨタ設立時に、トップに直結した監査改良部を設置して、製品と業務を監査する体制を整えます。その監査改良の業務は、その後も続き、現在でも品質保証部に継承されています。

つまり、トヨタは最初のクルマが故障続きだったことで、品質の大切さを思い知らされ、それから一貫して品質にこだわってきたというわけです。

また、トヨタ車の品質のよさ＝故障しないというクルマの象徴となるのが、現在のトヨタで最も長い歴史を誇る「ランドクルーザー」と、世界的ベストセラーピックアップトラックである「ハイラックス」の2台です。どちらも砂漠やジャングルといった厳しい自然環境の地域で、絶大な信頼を得ています。過酷な環境において、クルマの故障は、即、命の危険に直結してしまいます。そこでは故障しないことが、最大の武器になるというわけです。

また、貧しく所得の少ない地域ほど、トヨタ車の人気が高くなるという現象もあります。所得の少ない人にとってクルマは、不動産と同様に、非常に高額な買い物となります。だからこそ、壊れやすいクルマはほしくないのです。そして丈夫で長持ちするクルマほど、高く売り払うこともできます。耐久性の高いクルマは、資産価値が高くなるのです。

アセアン地域で、トヨタ車が人気となっている理由は、ここにあります。走行10万キロであっても、ほとんど新車同様に走ってくれるトヨタ車は、長く乗った後も高く売り払うことができるのです。アセアンには、日本車よりも割安な韓国車や中国車も売っていますが、ベストセラーになるのは日本車ばかりというのが現状です。貧しいからこそ、クルマを選ぶ目が厳しく、その結果として日本車が選ばれているのです。

日本で本格的に自動車メーカーが発展したのは、１９６０年代のモータリゼーションの後からです。欧米の自動車メーカーから見れば後発だった日本車メーカーは、遅れてスタートした分、一生懸命に自身の技術を磨きました。その努力が、欧米メーカーを抜き去る品質の高さを実現したのです。その結果が、１９７０年代後半からの日本車の世界進出の成功となりました。最初からすごかったわけではなく、不断の努力の成果がいまの日本車の地位を築いたのです。

ALL ABOUT THE AUTOMOBILE BUSINESS

3 ダットサンで紐解く日産のあゆみ

かつて日産は、「ダットサン」というブランド名を使っていました。ここでは、日産とダットサンの関係を紹介してゆきましょう。

日産自動車は1933年（昭和8年）に、創業者である鮎川義介氏が率いる戸畑鋳物の自動車部門として誕生しました。それを母体に、同年、自動車製造株式会社が設立され、翌1934年（昭和9年）に日産自動車と変更されます。三菱財閥の自動車部門が三菱自動車になったように、また、豊田自動織機の自動車部門がトヨタになったのと同じ格好です。ただし、日産自動車は、一からクルマを開発したわけではありませんでした。日産誕生よりも先となる、1914年（大正3年）に製造された快進社の「DAT（ダット）1号」が、技術的なルーツとなっていました。

「DAT（ダット）」とは、快進社を支援した田氏、青山氏、竹内氏という3名の頭文字を使ったものです。

そして、1933年の日産創業時に生産されていたのは「DAT（ダット）」の弟分的な小型車の「DATSUN（ダットサン）12型」でした。もともとは、「DAT（ダット）」の息子（SON）という意味で「DATSON（ダットソン）」と名付けられましたが、「ソン」が「損」に通じるため、急遽、太陽の「サン（SUN）」に差し替えられたそうです。

その「DATSUN（ダットサン）12型」は、エンジン排気量748cc、最高出力9kW（12馬力）、全長2・8m、全幅1・2mというクルマです。いまの軽自動車よりも、一回りも二回りも小さい寸法です。同じ時代に日本でフォードが生産していた「モデルA」は、エンジン排気量が3286ccで、パワーは30kW（40馬力）、全長が約3・8m、全幅が約1・7mもあって、いまのクルマとそん色ないサイズであったことを考えると、いかに「DATSUN（ダットサン）12型」が小さかったことがわかります。

そんな最初の「DATSUN（ダットサン）12型」は、生産開始から、わずか2年で累計生産が2万台を突破するヒットモデルとなり、日産自動車のスタートを見事に成功に導いたのです。

その後、日産は「DATSUN（ダットサン）」と「ニッサン」の2つのブランドを使って1960年代から世界に進出。数多く生まれた日産の名車と共に「DATSUN（ダットサン）」の名は広く浸透しましたが、80年代以降は「社名とブランド名を統一する」という方針のもと、徐々に使われなくなってしまいました。

ところが2013年になって日産は、約30年ぶりに「DATSUN（ダットサン）」を復活させます。その位置づけは、アジア地域向けのロープライスのエントリーブランドでした。中核にニッサンをおき、上にインフィニティ、そして下に「DATSUN（ダットサン）」という格好です。ところが、この格安ブランドは、失敗に終わります。2010年代に、何度も筆者はアセアン地域に取材に訪れましたが、街中を走る「DATSUN（ダットサン）」を見ることはほとんどありませんでした。そして2022年にはブランドが再び廃止となってしまったのです。

ちなみに、2000年代終盤に、インドのタタという自動車メーカーが「ナノ」という10万ルピー（約30万円）で買える激安のクルマを発表して話題となりました。しかし、「ナノ」もさっぱり売れずに、失敗に終わっています。

やはりクルマは安さで勝負してはいけないのでしょう。本書の1章4節の「なぜカローラは大ヒットしたのか」でも紹介しましたが、安いのが重要ではなく、コスパで勝負すべきです。お客さんに「安かろう、悪かろう」と思われては買ってもらえません。

そういう意味で「DATSUN（ダットサン）」は、値段以上の価値を認めてもらえなかったのが失敗の理由だったはずです。

こうやって「DATSUN（ダットサン）」の歴史を振り返ってみれば、なんとも日産はもったいないことをしていることに気づきます。世界的に知名度の高いブランドだった「DATSUN（ダットサン）」を、なんのメリットもなく捨ててしまい、そして30年ぶりに復活させたら、安物扱いになってしまって失敗。ビジネス的にうまくいかなかっただけでなく、日産の宝物である「DATSUN（ダットサン）」の価値を貶めてしまったようなものです。もう少し、上手に、そして大切に、ブランド名を使ってほしかったと思うばかりです。

ALL ABOUT THE AUTOMOBILE BUSINESS

4 ブランドロイヤルティを重視するスバルとマツダ

ビジネス用語として「ブランドロイヤルティ」という言葉があります。ロイヤルティ（Loyalty）の意味は「忠誠心」。つまり、ブランドロイヤルティといえば、そのブランドに対する忠誠心を表します。具体的には、「いろいろとあるブランドの中から、顧客がひとつのブランドに忠誠を誓って、同じブランドを買い続ける」ことを「ブランドロイヤルティがある」と表現します。顧客がブランドのファンになっていると言ってもいいでしょう。

そうした、ブランドロイヤルティを重視しているのが、スバルとマツダです。

近年のスバルは、アメリカでのビジネスが好調で、業績は安定していますが、数多くクルマが売れているわけではありません。２０２３年度の世界での販売は97・6万台です。トヨタの10分の1以下しかありません。

ところが、スバルは昔から「スバリスト」と呼ばれる、強力なファンが存在しています。それこそ昭和の時代から、綿々と続いているスバルのファンを指す言葉です。何台もスバル車に乗り継いでおり、そしてスバル車に乗っていることを誇りに感じているようです。

では、スバルの特徴とは何なのでしょうか？ それは技術を重視する姿勢です。もともとスバルは、戦前の中島飛行機を起源とするメーカーです。飛行機を作っていた技術者が集まってクルマを作り始めました。そのため、いつの時代もスバルは、技術を重視したクルマづくりをおこなってきました。なぜ、この格好なのか？ なぜ、この方式を使うのか？ ということすべてに技術的な理屈があったのです。逆に言えば、流行やデザイン、コスパなどは苦手です。しかし、その技術を大切にする姿勢が、古くからファンを獲得する理由となっていたのです。そして、現在のスバルは世界最高レベルの安全性能と優れた4WD技術を持っています。特に雪道を走らせるのであれば、スバル車ほど信頼できるクルマはありません。北米でも、スバルの顧客は雪の降る地域に偏っています。

そうした状況をスバルもよく理解しているようです。2014年に発表した中期経営計画「際立とう2020」では、「大きくはないが強い特徴を持ち質の高い企業」を目指すと示されています。強い特徴をもって、ファン＝ブランドロイヤルティの高い顧客を獲得するのがスバルというわけです。

もうひとつの、ブランドロイヤルティの高い自動車メーカーがマツダです。ただし、マツダのブランドロイヤルティの高まりは、それほど古いわけではありません。言ってみれば、過去15年ほどで一気にブランドロイヤルティを高めてきたのがマツダです。

逆に、それよりも前のマツダの評判は、それほど高いものではありませんでした。マツダに対する悪口として「マツダ地獄」という言葉があったほどでした。これは、「マツダ車に乗ると、中古車の下取りが安いので、新車を安売りするマツダしか乗れない」という状況を揶揄するものでした。マツダから離れたいのに離れられないことを地獄と呼ぶわけです。そこにはマツダへの愛はありません。また、それは、マツダの安易な安売りで売り上げを伸ばすという手法にも問題がありました。

しかし、マツダも「マツダ地獄」が悪いことは理解しています。そこで、マツダは２０００年代後半から、数から質への変換を目指しました。広範囲に顧客を求めるのではなく、強いファンを育てることにしたのです。これは、北米で「マツダ３（日本名：アクセラ）」を購入したユーザーへの調査が気づきになったそうです。北米のマツダのユーザーはデザインと走りのよさという、特定の項目への満足度が高かったのです。それに対してライバル車は、もっと幅広い項目で選ばれていました。その結果を受けてマツダは、平均的な合格点を望むユーザーではなく、個性を求めるユーザーに向けた商品を作っていこうと考えたのです。まさにブランドロイヤルティの重視です。

２０１０年代になるとマツダの経営陣はインタビューで「２％戦略」という言葉を使うようになりました。これは「マツダのシェアは２％しかないから、その２％の人に強く支持されるブランドになろう」という戦略です。

同時にマツダは、「魂動デザイン」「スカイアクティブ・テクノロジー」といった新しいデザインと技術を使った「ＣＸ－５」などの新世代商品群を投入します。２０１０年代以降に登場したマツダの新型車は、魅力的なデザインと楽しい走りをもって人気モデルとなることに成功しました。その結果、中古車の下取り価格が非常に高くなり、逆にマツダ車からマツダ車への乗り換えを促進することになります。これを「マツダ地獄」の正反対ということで「マツダ天国」と呼ぶこともあるほどです。

１００人のユーザーのうち、なるべく多くを獲得しようとすると、どうしても無難なデザインや機能をもった、ありきたりの製品になりがちです。その先にあるのは価格競争です。そうではなく、尖った商品にすることで、少数のユーザーに確実に買ってもらう。それが、スバルとマツダの戦略となっているのです。

ALL ABOUT THE AUTOMOBILE BUSINESS

5

北米、中国からあえて身を引いたスズキ

スズキは年間に３００万台以上を売る、世界10位となる自動車メーカーです。

ところが、日本だけで言えば、その販売台数は67・４万台（２０２３年度）ばかり。スズキ全体で言えば、日本での販売は、わずか21％ほどしかありません。販売に占める日本市場の割合が少ないのは、他の日系自動車メーカーも変わりません。ただし、その内訳は他メーカーと大きく異なります。

まず、スズキの世界販売の中に、世界最大級となる中国市場と北米市場がまったく入っていません。スズキは２０１２年に北米市場から、そして２０１８年に中国市場から撤退しています。大きな市場から、あえて身を引いているのです。

その代わりに、１７９・４万台（世界販売の約57％）をインドで販売しています。他に欧州で23・６万台、アジアで17・８万台、アフリカで9・8万台。欧州とアジア、アフリカ

の3地域を合わせて51・2万台を販売しています。

その中で、インド、パキスタン、ハンガリーなどの10か国で4輪車販売のシェア1位を獲得しています。インドは大きな市場となりますが、それ以外は小さなところばかりです。

これは「どこの国でもいいから一番になりたい」という、スズキの元社長の鈴木修氏の願いが理由となります。鈴木修氏が社長に就任した1978年当時、75年の排気ガス規制対応の失敗、77年の創業者の祖父と前社長の病など、スズキの社員はみな意気消沈していたそうです。その中で、社員の士気を高めるため、鈴木修氏が願ったのが「一番になること」だったというのです。そんなスズキは、1975年にパキスタン、1983年にインド、1992年にハンガリーに進出します。当時は、どこも小さく貧しく、他の自動車メーカーが見向きもしなかった市場です。

ライバルのいないところに行けば、小さなスズキでも、その場所で一番になれる！　というのがスズキの狙いでした。そして、そこでスズキは結果を出します。小さなクルマが得意というだけでなく、小さくて安い中でも高いパフォーマンスを実現するのがスズキです。いわばコスパのよいクルマづくりがスズキの真骨頂です。

特にインドのユーザーは、コストパフォーマンスにうるさいことで知られています。ただ安いだけではダメで、お買い得でなければならない地で、スズキはしっかりと認められ、インドの地場メーカーさえも押しのけて、インドナンバー1のメーカーになります。

世界に進出する前の1980年のスズキは、年間50万台規模の自動車メーカーでした。ところが世界進出を果たしたスズキは、1990年代後半には150万台を超えるようになります。インドとハンガリーに進出したことで、会社の規模が3倍に拡大しました。そして、インドの市場拡大にあわせて、現在は300万台を超えるメーカーになっています。

しかも、スズキは2023年に発表した「2030年度に向けた成長戦略説明会」において、2021年度に3・5兆円だった売り上げを、2030年度には7兆円にまで伸ばす計画を発表しています。そこでスズキが狙っている市場は、インドとアフリカです。

インドは2050年には人口が現在の13・8億人から16・6億人へ、アフリカは12・9億人から23・7億人にまで増加すると予測されています。人口増加に伴い名目GDPも増加し、2050年には日本の5・7兆ドルを上回る、インド13・5兆ドル、アフリカ9・6兆ドルが予測されています。その大きく成長するインドとアフリカで、スズキは売り上げを伸ばそうというのです。

他の自動車メーカーは、どこも中国や北米など、現在の最大マーケットをターゲットにしていますが、スズキは、それ以外の市場で成長を考えています。他の人の行かない道をゆき、そこで成功を収めてきたスズキ。この先も、そうした歩き方は変わらないようです。

ALL ABOUT THE AUTOMOBILE BUSINESS

6

電気自動車（ＢＥＶ）世界一を競うテスラとＢＹＤ

近年の自動車業界で、最も注目を集めるブランドがテスラとＢＹＤです。どちらも電動車を扱い、創業わずかで世界的なブランドに急成長しました。ブランドを率いるテスラのイーロン・マスク氏と、ＢＹＤの王伝福氏は、自動車史に名前を残す、まさに現在の偉人となることでしょう。

テスラは、欧米の電気自動車（ＢＥＶ）の代表格のような存在ですし、ＢＹＤは２０２４年に４２７万台を販売し、エンジン車を含む中国自動車メーカーのナンバー１を獲得。世界ランキングでもベスト10に食い込みました。ＢＹＤは、電気自動車（ＢＥＶ）というジャンルを飛び越えて、世界的な存在にまで成長しているのです。

では、この2社は、どのような会社なのかを、かいつまんで説明しましょう。

イーロン・マスク氏が率いるテスラは、電気自動車（ＢＥＶ）専業メーカーであり、扱うのは、すべて電気自動車（ＢＥＶ）です。２００３年に創業し、2座オープンのスポーツカー「ロードスター」の少量生産に始まり、大型セダンの「モデルS」、ＳＵＶの「モデルX」とラインナップを拡大。２０１６年に発売開始した小型セダンの「モデル3」と、２０１９年発売の小型ＳＵＶ「モデルY」がヒット車となり、一気に会社の規模を拡大します。２０２３年は、世界で約１８１万台を販売しています。リーダーであるマスク氏は、エキセントリックな部分が目立ちますが、ビジネス自体は、意外にも、一歩ずつ着実に数字を伸ばしてきたという印象です。

テスラのクルマとしての特徴は、電気自動車（ＢＥＶ）であるというだけでなく、デザインから機能、プロモーションや販売など、すべての面で斬新であることでしょう。シンプルそのもののデザインは、ひと目でテスラ車であることを主張します。機能的には、スターターボタンやパーキングブレーキの操作スイッチを排除するなど、従来のエンジン車の常識にとらわれない方法を採用。販売店を持たないネット展開での販売や、独自の充電方法とネットワークの構築などを通じて、ブランドロイヤルティの高い、熱心なファンを数多く生み出しました。また、車両の価格も意外と高くなく、欧州の高級ブランドの電気自動車（ＢＥＶ）と比べると割安感さえあります。アメリカと中国の市場を中心に販売を伸ばしています。日本での販売もまずまずで、輸入車の電気自動車（ＢＥＶ）としては一番に売れています。

ＢＹＤは、１９９５年に電池メーカーとして中国南部の深圳でスタート。２００３年に地元中国の自動車メーカーを買収して、自動車産業に参入します。ここでの注目は、エンジン車からスタートしていることです。その後、ＢＹＤは、ハイブリッド車や電気自動車（ＢＥＶ）、さらにはバスやフォークリフトなど、手掛ける車種を増やしていきます。また、バッテリーメーカーでもあるということで、エネルギー関連や素材など、幅広いビジネスを展開。自動車におさまらない、巨大なグループに成長しています。

日本には、２０２３年からクロスオーバーの電気自動車（ＢＥＶ）である「ＡＴＴＯ３」を発売。翌年にハッチバックの「ドルフィン」、セダンの「ＳＥＡＬ」とバリエーションを拡大中です。日本全国１００店舗を目標に、販売拠点も急速に増やしており、着実に浸透を図っているのが現状です。

クルマのつくりは、意外にオーソドックスなもの。欧州ブランドの有名デザイナーを召喚するなど、デザインもあか抜けています。そして、電気自動車（ＢＥＶ）の車両価格を押し上げる理由となるバッテリーを、自前で用意できることもあってか、ライバルを圧倒する割安感が武器となります。いわば「コスパがよい」というのがＢＹＤの特徴でしょう。今後も、新車ラッシュと販路拡大を継続してゆけば、日本にもしっかりと定着してゆくはずです。

テスラとBYDは、どちらも旧来の自動車メーカーとは異なる個性を持っています。ただし、その内容は異なります。テスラは斬新なデザインと機能を特徴とするのに対して、BYDは、あっと驚くコスパのよさが魅力となります。独自の道を切り開くテスラは、ある意味、パイオニア精神抜群のアメリカらしいブランドと言えるでしょう。一方でBYDは、数十年前に燃費とコスパのよさで世界中に進出した日本車と同じような魅力を持っているのではないでしょうか。

どちらにせよ、この2つのブランドは、日本市場でも一定の存在感を放つようになっていますから、これからも長い付き合いになるはずです。

ALL ABOUT THE AUTOMOBILE BUSINESS COLUMN

歴史を変えた名車　フォルクスワーゲン「ゴルフ」

世界ナンバー1の自動車メーカーの座を、トヨタと争うのがドイツのフォルクスワーゲンです。そして、そのフォルクスワーゲンというブランドの個性と強みを、最もよく体現する歴史的な名車が「ゴルフ」です。

初代「ゴルフ」が登場したのは、1974年であり、すでに50年を超える歴史を誇ります。これまで累計で3700万台以上が生産されており、いまもフォルクスワーゲン社の主力モデルとして、世界中で人気を集めています。

その特徴は、前輪駆動（FF）のハッチバックの5ドア車であることです。いまとなっては定番のスタイルとなっていますが、1970年代初頭は、まだまだ後輪駆動のセダン（FRレイアウト）が自動車の基本スタイルとなっていました。そうした状況の中、FFハッチバックというスタイルを定着させたのが、「ゴルフ」の世界的ヒットだったと言えるでしょう。

では、なぜ「ゴルフ」がヒットしたのでしょうか？　そこに「ゴルフ」の魅力があり、そしてフォルクスワーゲンの強みがあったと言えます。

「ゴルフ」のFFハッチバックというスタイルは、全体のクルマの大きさに対して、室内空間が広いというメリットがありました。そして、天才デザイナーであるジウジアーロが手がけた「ゴルフ」のデザインも秀逸でした。決して華美ではなくシンプルそのものなのに、スタイリッシュだったのです。さらに、高速走行時の安定性が高いというのも魅力です。これは速度無制限の高速道路「アウトバーン」があるドイツのクルマならではの特徴です。

つまり、「ゴルフ」は、合理的なクルマのレイアウトを基本としつつ、デザインはシンプルで、そして高速走行に優れていました。言い方を変えれば、合理的で質実剛健なクルマだったのです。そして、この合理性と質実剛健さこそ、フォルクス（国民）・ワーゲン（クルマ）＝「国民車」という意味合いの名前を持つ、ドイツ・ブランドの個性そのものだったのです。

日本車に比べれば、輸入車である「ゴルフ」の価格は割高に感じるでしょう。しかし、ドイツ国内では、他にあるのがメルセデス・ベンツやBMW、アウディといった高級ブランドです。それに対するポジションとして、フォルクスワーゲンは、庶民のためのクルマだったのです。

そして、ドイツの庶民のための国民車であるフォルクスワーゲンは、日本や中国では、華美ではないけれど、合理的で高速走行に優れたクルマとして認められます。実際に、いま、「ゴルフ」をはじめとするフォルクスワーゲンのクルマに乗ってみれば、どれも合理性と高速走行のよさを実感することができます。そこが日本車やアメリカ車など、他にない魅力となっているのです。

ドイツ車の個性を理解する上で、優れた教科書になるのが「ゴルフ」となります。

第4章

カー・デザイナーに学ぶ
自動車開発・生産の世界

Chapter 4：
The world of automobile development

ALL ABOUT THE AUTOMOBILE BUSINESS

1

クルマの出来は リーダーとなる人物次第

クルマを開発するのには莫大な費用がかかります。エンジンからプラットフォームまで、内容一新のような場合は約1000億円、エンジンなどの重要部品を継承する場合でも300～500億円もかかると言われています。そんなビッグプロジェクトでも、リーダーは、たった一人。それがクルマの開発です。大金がかかり、会社の未来を左右する重圧がかかります。

そんなリーダーの肩書は、自動車メーカーによって異なります。トヨタやダイハツ、スズキは、チーフエンジニアと呼んでいます。ホンダはラージ・プロジェクト・リーダー（LPL：開発責任者）、マツダは主査、スバルはプロジェクト・ゼネラル・マネージャーです。日産は、チーフ・ビークル・エンジニア（CVE）と呼ばれますが、チーフ・プロダクト・スペシャリスト（CPS）という企画担当者が並び立つ体制になっています。他のメーカーの場合、リーダーはエンジニアリングだけでなく企画担当を兼任していますが、日産は分業制になっているのが特徴です。

ちなみに、クルマという製品は、実際の開発作業の前に、企業全体としての商品計画があります。会社として、どんなタイミングで、どんなクルマを世に送り出すのかを決めるのが商品計画です。中期経営計画の一部として商品計画が発表されることもあります。「何年までに、どういうクルマを何車種リリースする」といった内容です。具体的には、「今後3年で、中型のSUV、小型ミニバン、そしてセダンの合計3モデルを発売する」というようなことが発表されているのです。

しかし、商品計画で中型のSUVと言っても、そのままでは、あまりに大雑把で開発に入ることはできません。具体的に、どんな性能で、どのような特徴を備えているのかを考える必要があります。たとえば、ファミリー向けにするのか？　若い人向けなのか？　価格帯をどうするのか？　街中向けなのか、本格オフロード性能を謳うのか？　などを決める必要があります。そうした方向性を考えるのが商品企画です。

商品企画は、ユーザーがどんなクルマを望んでいるのかを見据えつつ、自社の技術や販売力、ブランド・イメージに合致する新型車の内容を考えます。また、クルマの開発には、最長で5〜6年もの長い時間がかかります。5〜6年もの時間があれば、世の中のニーズは大きく変化してしまいます。つまり、未来を予測し、市場のニーズにぴったりとハマった魅力的なクルマを考えるという困難さがあるのです。

そのため、クルマ開発のリーダーの多くは、商品企画の部署に所属しています。商品企画はある意味、営業畑出身でも可能な職種です。しかし、実際のところ、設計部門などのエンジニア出身者が、商品企画に異動してきた上で開発のリーダーを務めることがほとんどです。そういう意味で、エンジニアリングと商品企画を分業する日産の体制は、他と異なっているのです。

では、すばらしい企画があれば、必ず売れるクルマができるかといえば、それほど簡単ではありません。開発には、メーカー内の多くの部署がかかわるだけでなく、数多くの社外のサプライヤーも参加します。そうした中での調整が必須となりますし、さらには開発を進める中で、技術的な難問も発生します。コストが計画内に収まらないこともあるでしょう。そうしたときに、どのように難問をクリアするのか考えるのがリーダーの役割となります。

さらには、プロジェクトにはさまざまな圧力がかかってきます。流行の変化や物価高騰、強力なライバルの登場など、外部からの圧力があります。もちろん社内からの圧力もあります。さらなるコストダウンの要求や、生産現場や販売現場からの要望もあります。的外れなことを言う上司もいるでしょう。あちらこちらによい顔をしていると、必然的に、クルマは妥協の産物となってしまいます。そうした末に、最初の狙いから、どんどんと外れ、結果的に生み出された商品は、狙いと実情がバラバラになってしまうこともあります。

取材者側から見ていると、「この新型車は、いったい誰のためのクルマなのかわからない」、「社内のえらい人向けであり、消費者を向いていないのではないか？」と思うことさえもあるのです。そんなクルマは、もちろん売れずに、すぐに消えてしまいます。

ですから、クルマの出来不出来は、そのリーダーとなる人物次第となるのです。社内や協力会社を調整しつつ市場を見つめ、信念を貫きとおした先に、魅力的なクルマが誕生するのです。

そして、そうしたリーダーは、自動車メーカーの人間として、最も華やかで、最も憧れの存在となります。取材を通じて、そうした開発のリーダーに数多く接してしましたが、ヒット車のリーダーは、誰もが魅力的な人物でした。優秀であり、そして人としての魅力を感じさせてくれたのです。まさに、自動車メーカーのヒーローと言えます。

ALL ABOUT THE AUTOMOBILE BUSINESS

2 クルマは「作れば売れる」わけではない

クルマは性能のよいモノを作れば、何もしなくても売れるような商品ではありません。購入希望者は、事前に商品の情報を集めて検討しています。何もチェックせずに、クルマの販売店に行き、クルマの実物と値段だけを見て購入する人はいません。どんなメーカーの、どんな特徴を持ったクルマなのかを調べます。ファミリー向けの実用的なクルマなのか、見栄えのよい高級車なのか、それとも趣味性の強いクルマなのかを確認しているのです。そうした情報をもとに、実物のクルマを見て、触って、値段を検討して、初めて購入に至ります。

そこで重要になってくるのが、自動車メーカーのマーケティングの仕事です。マーケティング部門では、どのようなクルマが求められているのかを調査・把握して開発に協力し、できあがったクルマに対しては宣伝を実施します。また、自動車メーカーのイメージであるブランドを伝えるのもマーケティングの仕事となります。いかにユーザーに、狙ったイメージを届けることができるか、というマーケティングにクルマの売れ行きが左右されています。

実際に私たちが特定のクルマや、自動車メーカーに抱くイメージの多くは、自動車メーカーのマーケティングの仕事に大きな影響を受けています。メルセデス・ベンツを高級車として認識しているのは、やはり自動車メーカー側が高級車と見えるようにマーケティングに力を注いでいるからです。

メルセデス・ベンツのプロモーションを見れば、どれもきれいで高級そうなビジュアルを使っています。決して、赤い文字で値段を大きく見せ、安売りをアピールするようなことはありません。そして、そうして作られたイメージをもとに私たちはクルマを選んでいるのです。

つまり、クルマを作るだけでなく、売るための仕事も自動車メーカーにとっては重要なものとなっているのです。

個人的な感想となりますが、すばらしいなと思った自動車メーカーのマーケティングの仕事として、２０１０年当時のスバルの「ぶつからないクルマ」というプロモーションがあります。これは、いまで言う「自動ブレーキ（衝突被害軽減ブレーキ）」をアピールするものでした。スバルでの製品名は「アイサイト」であり、当時のスバルの新型車には「自動ブレーキ（衝突被害軽減ブレーキ）」が採用されていたのです。「自動ブレーキ（衝突被害軽減ブレーキ）」とは、危険な状況だとシステムが判断したときにブレーキを作動させる機能です。実際のところ、路面状況などによっては減速しきれないときもあります。100％止まれるわけではないのです。

それでもスバルは「ぶつからない」と言い切ったことに、私だけでなく、自動車業界の誰もが驚きました。そんなリスキーなプロモーションではありましたが、結果的には、絶大な反響を呼び起こしました。スバル＝安全なクルマであるというイメージを強烈に訴えることに成功したのです。

ここで感心したのは、もともと安全に強いこだわりを持っているメーカーであるスバルが、こうしたプロモーションをやったということです。スバルは、自動車メーカーとは関連のない独立機関が実施する、自動車の安全テストとなる自動車アセスメント（J－NCAP）でも、常に優秀な成績を収めていました。スバルをよく知る人であれば、「ぶつからないクルマ」のプロモーションの前から、スバル＝安全というイメージを持っていたのです。

もしも、「安全性にこだわりがない」と思える自動車メーカーが、同じように「ぶつからない」とアピールしても、どこかで反発が生まれ、破綻していたはずです。しかし、スバルは「ぶつからないクルマ」をヒットさせました。さらにスバルは現実の世界での事故を減らしています。スバルの発表となりますが、アメリカでは、２０１３〜２０１５年型のアイサイト搭載車は追突事故が85％も低減されたという調査があります。

「ぶつからないクルマ」のプロモーションは、ひとつのクルマを売るだけでなく、スバル・ブランド全体に対して、スバル＝安全というイメージを広く一般にアピールすることになりました。そして、その結果、新しい技術であった「アイサイト」を数多く世に送り出し、世の中の事故を減らすことにも成功しているのです。これこそ、すばらしいマーケティングと言えるでしょう。

ALL ABOUT THE AUTOMOBILE BUSINESS

3

自動車メーカーで異彩を放つ カー・デザイナー

クルマの開発のリーダーとなる開発責任者に次ぐ花形といえばカー・デザイナーでしょう。クルマのデザインは、売れ行きを左右する大きなファクターのひとつです。中身や性能が同じでも、デザイン次第で、好き嫌いが変わってくることもあります。そうなれば、当然、売れる数も違います。カーデザインと売り上げは、密接に関係しているのです。

そんなカー・デザイナーの仕事は多岐にわたります。エクステリア（外観）をデザインするだけでなく、インテリア（内装）もカー・デザイナーの仕事です。さらにボディや内装のカラーリング（色）を決めるのもカー・デザイナーです。また、そうしたカー・デザイナーを支えるための仕事もあります。それがクレイ・モデリング（粘土を使っての実物大の模型作り）やCAD（3Dデータ作り）、スタジオエンジニア（デザインを実現化するための技術者）です。さらに、量産車の前段階として、数年先のクルマのイメージを模索するアドバンスデザインも存在します。アドバンスデザインは、モーターショーで、コンセプトカーとして発表されることもあります。

カー・デザイナーは自動車メーカーの中で、ちょっと変わった存在です。クルマという工業製品を大量生産するのが自動車メーカーの仕事ですから、どの自動車メーカーも、仕事の中心は、工場におけるクルマの生産となります。作業服を着て、鉄とプラスチックでできたクルマの部品と相対します。また、完成したクルマを販売する営業部門は、セールスマンであり、身だしなみに気を使うビジネスマンといった格好をしています。

それに対して、カー・デザイナーたちの姿は、まったく異なります。端的に言えば、オシャレ。同じスーツ姿なのに、ちょっと違う！　それどころかスーツを着ていないことさえあります。自動車メーカーというのは世界的な大企業ばかりですから、その社員は、誰もかれもがまじめそうに見えるもの。ところが、カー・デザイナーだけが浮いたように、洗練された格好をしています。もちろん、格好悪い見てくれの人物に、売り上げを左右するデザインを任せようと思わないでしょう。そうしたことから、カー・デザイナーが服飾に凝るのは当然のことかもしれません。もしも、カー・デザイナーに出会うことがあれば、その格好に、ぜひとも注目してみましょう。

また、カー・デザイナーならではの他の部署との違いもあります。それがヘッドハンティングです。クルマ開発のリーダーである開発担当者が他社に移ることは、ほとんどありませんがカー・デザイナーは別です。デザインは個人的な資質が大きく左右する職です。そのため、優秀な人は他社から引き抜きされることがあるのです。また、クルマを作品として認められ、世界的に知られるカー・デザイナーも数多く存在します。日本では、いすゞからヘッドハンティングされ、日産においてデザイン本部長を2000年代から2010年代に努めた中村史郎氏が有名です。また、アウディで働いた和田智氏や、オペルやBMWで腕を振るった永島譲二氏などは、個人としての腕を見込まれて、世界を舞台に活躍したカー・デザイナーとなります。

さらに世界に目を向ければ、バティスタ・ピニンファリーナ氏やジョヴァンニ・ベルトーネ氏、ジョルジェット・ジウジアーロ氏やマルチェロ・ガンディーニ氏というレジェンドも存在します。近い時代で言えば、プジョー・シトロエンからメルセデスを経て、90年代の富士重工（現在のスバル）や2000年代の三菱自動車のデザインを手がけたオリビエ・ブーレイ氏や、2000年代にマツダのデザインをした後にルノーでも辣腕を振るったローレンス・ヴァン・デン・アッカー氏という存在があります。

優れたデザインの陰には、優れたカー・デザイナーが存在しているのです。気になるクルマがあれば、誰がデザインを担当したのかチェックしてみるのもいいでしょう。

ALL ABOUT THE AUTOMOBILE BUSINESS

4 オーダーメイド化しているクルマの生産ライン

クルマを生産する工場は、まるで鉄でできたジャングルのように見えます。林立する工作機械は生い茂る木であり、あいだに敷設されたベルトコンベアは川のよう。ベルトコンベアの川の上には作りかけのクルマが流れ、そのクルマに人間とロボットが取り付いて作業をしています。遠くから聞こえる溶接ロボットの作業音は、ジャングルに生息する動物の息吹のよう。さらに生産ラインの周りには、運搬ロボットが音楽を奏でながら、ゆっくりと部品を運んでいます。楽し気な音楽を耳にしながら生産ラインを眺めていると、テーマパークのジャングルクルーズを思い出してしまいます。

そんなクルマの製造は、鉄板をカット&プレスして、ボディの部品を作るところから始まります。切り出し、打ち出された鉄の部品をプラモデルのように組み立てるのが溶接ロボットです。クルマのボディを作り上げるには２０００か所もの溶接が必要です。溶接ロボットは、「バシッ」という溶接音と共に、正確かつ迅速にクルマのボディを作ってゆきます。できあがった中身のなにもないガランドウの鉄のクルマは、ホワイトボディと呼ばれます。また、並行して、蓋モノと呼ばれる、エンジン・フードやトランクフード、ドアなども作られています。

できあがった鉄のボディは、やはりロボットの手で運ばれ、塗装工程に進みます。最初に、塗料の入ったプールに漬けての錆止めの下塗り。その後、中塗り、上塗りと進みます。これも実施するのはロボットです。正確で均一な作業は、ロボットが最も得意とするものです。

そうして出来上がったボディに、エンジンをはじめ、数多くの部品を取り付けるのが人間の仕事となります。ベルトコンベアの流れるスピードにあわせ、素早く部品を取り付けてゆきます。インパネや座席のような大きく重い部品を取り付けるときは、補助する機械を使って部品を持ち上げます。ネジを回すだけでなく、部品を押し込むなど、多彩で微妙な力加減が求められます。こうしたフレキシブルな作業は、やはり人間にしかできません。

エンジンやトランスミッション、サスペンションなどの大きく複雑な部品は、部品そのものも別ラインで組み立てられ、完成した部品がメインのベルトコンベアのラインに運ばれます。部品の運搬は、ロボットの仕事です。工場の床には、ロボットの道が描かれており、人とぶつからないように、音楽を流しながらロボットは部品を運びます。

ちなみに、現在のクルマの生産は、混流生産と呼ばれる方法が主流です。ひとつのベルトコンベアのラインでひとつのモデルを作るのではなく、複数のモデルを作る方法です。セダンやコンパクトカーなどが混ざって、ベルトコンベアを流れます。

また、現在の日本でのクルマの生産は、そのほとんどが作る前にオーナーが決まっています。注文が先にあり、それにあわせて生産されるのです。たとえば、ある顧客が、「色は何色で、オプション装備はコレ」と希望すれば、それにあわせて生産されます。つまり、ベルトコンベアの上を流れるクルマは、それぞれに販売先が決まっており、オーナーの希望に合わせて細かく仕様が異なっているのです。そのため、生産されるクルマ1台ずつに、伝票が添えられ、細かな仕様が記載されており、それにあわせて、部品が用意され、人の手によって組付けられます。非常に緻密なオペレーションがおこなわれているのです。

いま、クルマの製造は日本だけでなく、世界中で実施されています。日本のメーカーの場合、国内の工場をマザー工場と定めて、日本で生産技術を高め、海外の工場に広げています。そういう意味で、生産数こそ少なくなりましたが、いまも日本の工場は、どこのメーカーも重要な存在となっています。

ALL ABOUT THE AUTOMOBILE BUSINESS

5 とんでもなく高効率な「トヨタ生産方式」

毎年1000万台以上のクルマを販売し、莫大な利益を生み出すのがトヨタです。2024年3月期の決算におけるトヨタの利益は約4・3兆円にもなりました。まぎれもなく、世界トップクラスの自動車メーカーです。

そのトヨタの力の源泉は、どこにあるのかと問われれば、トヨタを知る多くの人は「生産現場」にあると答えるはずです。いわゆる「トヨタ生産方式」です。最近では「カイゼン」との呼び名の方が有名かもしれません。

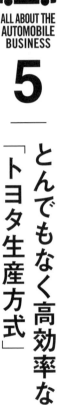

では、「トヨタ生産方式」は何がすごいのでしょうか？

簡単に言ってしまえば「とんでもなく高効率である」ということです。徹底的にムダが排除されていますので、低コストとなります。しかも不良品が発生しません。高品質であることをも意味します。つまり、安くて、高品質なクルマを作ることができます。さらに、

「カイゼン」と呼ばれるように、常にもっとよくしようと改善し続けているのも特徴です。

具体的な「トヨタ生産方式」の方法としては、「ジャスト・イン・タイム」と「自働化」が2本柱となります。「ジャスト・イン・タイム」は、クルマの組み立てに対して、必要なモノを、必要な時に、必要なだけ用意するという方法です。

また、「自働化」は、ニンベンのついた自動化とも言われ、異常や問題が発生したら生産機械やラインが自動で直ちに生産を止めることを意味します。また、ほかにも「かんばん」や「アンドン」といった独自の手法も数多く存在します。

さまざまな手法が存在しますが、「トヨタ生産方式」の根底にあるのは創意工夫です。ムダを省き、改善し続ける姿勢にこそ、「トヨタ生産方式」の本当の強さとなります。だからこそ、いまでは生産の手法よりも、トヨタの「カイゼン」という言葉の方が広く知れ渡っているのでしょう。

実際のところ、いまでは「ジャスト・イン・タイム」方式も、問題があれば生産ラインを止めることも世界の自動車メーカーの中では常識的なものになっています。言ってしまえば、手法だけであれば、ライバルがすぐに真似をしてしまいます。しかし、それでもトヨタが他メーカーから抜きんでているのは、「トヨタ生産方式」の根底に流れる思想や姿勢を、最もよく理解し、身に着けているからでしょう。

新型車を取材していて、いつも思うのは、やはりトヨタ車の割安感です。それでいて、トヨタ車の品質感はいつだって最高レベルです。さらに日本市場に限って言えば、トヨタは販売網も他の自動車メーカーよりも強力です。製品がよくて、販売も強ければ、売れることも当然でしょう。

２０２３年の日本国内の乗用車（軽自動車を除く）販売のシェアでは、トヨタは約51％にもなります（筆者調べ）。国内で販売される軽以外の乗用車の半分がトヨタ車となっているのです。ちなみにレクサスを加えると、シェアはさらに高まり、55％にもなります。

さらに言えば、トヨタは「トヨタ生産方式」の思想や姿勢を、クルマの生産だけでなく、人材育成にも反映しています。しかも、トヨタが「トヨタ生産方式」をスタートしたのは、創業まもない、戦後直後という時期です。すでに70年以上にわたって続けられているのです。これはもう、手法というよりも、トヨタという会社の社風と言っていいでしょう。

過去に、リーマンショックや東日本大震災、アメリカでの大規模リコール、コロナ禍という危機があっても、どの自動車メーカーよりも先にトヨタは立ち直っています。これも生産現場と人材育成に「トヨタ生産方式」が効いているのが理由ではないでしょうか。

時代が移り変われば、もしかするとトヨタが自動車以外の分野に挑戦する可能性もあります。なぜならば、トヨタの前身は、機織り機メーカーだったからです。時代の変化にあわせて変化してきたのがトヨタです。そうした次の新しい業種・産業でも、トヨタは「トヨタ生産方式」に育てられた人材が主役となります。そこでも、トヨタならではの凄みを見せてくれるはずです。

ALL ABOUT THE AUTOMOBILE BUSINESS

6

規制とクルマの性能の深い関係性

クルマには、数多くの規制が存在しています。それは、おもに安全と環境を守るのが目的です。安全に関しては、交通事故のときに乗員やぶつかった相手となる歩行者への被害を少なくするための基準が定められており、それをクリアできないと新車を販売することができません。

また、2021年からの自動ブレーキ（衝突被害軽減ブレーキ）の装備の義務化や、2022年からのバックカメラ（後退時にクルマの後ろをモニター表示する）の義務化など、安全にかかわる装備類の強化も継続されています。それだけでなく、自動車アセスメント（J-NCAP）では1994年にフルラップ前面衝突試験が導入されたあとにも、より厳しいオフセット前面衝突試験、側面衝突試験など、続々と新しく厳しい試験が導入されています。

こうした安全性能や装備に対する規制によって、クルマの安全は確実に向上しました。歴史を振り返れば、日本における年間の交通事故での死亡者が最も多かったのは、１９７０年（昭和45年）の年間１万６７６５人でした。あまりに死者が多いため、戦争時と同じという意味で「交通戦争」と呼ばれました。時代は、日本にモータリゼーションが訪れ、一気にクルマが身近になり、普及した時期となります。交通事故も、年間で71万８０８０件も発生していました。現在に比べれば、安全に対する規制が、まだまだ甘い時代だったのです。

しかし、それから50年以上も安全に対する規制の強化が続いた結果、日本のクルマの安全性能は格段に進化します。交通事故の死亡者は、２０２３年では２６７８人にまで減りました。６分の１ほどまでも減っているのです。事故自体も30万７９１１件と、半減しています。

また、環境を守るため、人の健康を守るための規制としては、排気ガス、燃費、騒音に関する規制が存在します。

クルマのエンジンから出る排気ガスは、何も処理をしないと、非常に健康に悪いガスがたくさん含まれています。それが一酸化炭素（ＣＯ）や炭化水素（ＨＣ）、窒素酸化物（NO_x）、粒子状物質（ＰＭ）などです。一酸化炭素（ＣＯ）は、毒ガスですから、中毒になると、人間が死んでしまうこともあります。炭化水素（ＨＣ）、窒素酸化物（ＮＯ$_x$）は大気汚染を引き起こし、光化学スモッグの原因ともなります。

粒子状物質（ＰＭ）は、燃料の燃えカスの煤です。１９９９年に当時、東京都知事であった石原慎太郎氏は、東京都内からディーゼル車を締め出す規制を導入しました。ペットボトルの中に真っ黒なススを詰めてアピールした記者会見が大いに話題となりました。当時の排気ガス規制は、いまよりもずいぶんと甘く、ディーゼル車はスス入りの黒煙をまきちらしながら走っていたのです。それに石原都知事はＮＯを突き付けたのです。

そうして東京都内からディーゼル車がいなくなると、驚くほど道路の周りはきれいになりました。当時は、１日、オートバイで走ると、顔はススで真っ黒になるのが当たり前でした。ところが規制強化の結果、すぐに空気がきれいになったのです。

そうした東京都の地域限定の排気ガス規制だけでなく、いまでは、より強化された規制が全国的に導入されています。その結果、いまでは黒煙を吐き出すディーゼル車は、ほとんど見かけることがなくなりました。

同じように、燃費性能も規制によって驚くほど向上しています。日本の燃費規制は、過去、何度も強化されており、自動車メーカーには目標値をクリアすることが求められていました。クリアした車両に対しては、国からの補助金が用意されたこともありました。優遇税制は、いまも継続されています。

その結果、ガソリン乗用車の平均燃費は２００１年が13・２㎞／ℓだったところ、２０２２年には23・５㎞／ℓにまで向上しています。２倍にまで迫ろうというほど伸びているのです。ちなみに国が２０２０年に達成を定めた目標値は20・３㎞／ℓでした。それを日本の自動車メーカーは、軽々と超えて実現させているのです。これも、規制がうまく性能向上に貢献したと言えるでしょう。

そして国は２０３０年には25・４㎞／ℓという、さらなる上の目標を定めています。日本の自動車メーカーは、これまでと同様に、この数字も、きっとクリアするに違いありません。

規制は自動車メーカーにとっては、面倒な圧力と言えます。しかし、それがあることでクルマの性能が進化したことは間違いありません。

ALL ABOUT THE AUTOMOBILE BUSINESS COLUMN

歴史を変えた名車　トヨタ「センチュリー」

皇室や総理大臣などの各界のリーダーが公務の場で使用する真っ黒な高級車。それがトヨタの「センチュリー」です。VIPのためのショーファードリブン（運転手付きのクルマ）であり、最も格の高いクルマと言えます。

「センチュリー」で驚くのは、その生産体制です。ショーファードリブンは、超高級車ですから、ベルトコンベアに載せて大量に生産するようなクルマではありません。

「センチュリー」の場合、トヨタの熟練の作業者（クラフトマンと呼ばれる）が集められた「センチュリー工房」で、丁寧に丁寧に、丹精込めて製造されています。

通常のクルマのボディは機械でプレスされたままで塗装に回されますが、「センチュリー」は違います。クラフトマンが1台ずつ、サンダーなどを使って手作業で、塗装前のボディ面を整え、エッジを磨き上げています。塗装も尋常ではありません。普通のクルマが4層塗装なのに対して、「センチュリー」は7層。しかも、途中に水研ぎと呼ばれる、人の手による研磨がおこなわれています。ボディに水をかけながら、手で磨き上げるのです。

また、樹脂製のバンパーでは、塗装前に段差を０・００２ミリ以下まで磨き上げてもいます。こうした執拗なまでのこだわりによって、「センチュリー」の鏡のようなボディの表面ができあがるのです。

日本の量産車で、ここまで手間をかけて作るクルマはありません。世界の名だたる高級車と比べても、見劣るどころか、自慢できるような作りです。これが「センチュリー」の魅力であり、存在価値と言えるでしょう。

もともと日本のＶＩＰ御用達のショーファードリブンは輸入車が独占していました。日本は自動車生産の後進国だったからです。日本のＶＩＰなのに、乗っているのは輸入車。そんな屈辱を覆したのは、１９６５年発売の日産初代「プレジデント」であり、１９６７年に発売された初代「センチュリー」でした。

日産の「プレジデント」とトヨタの「センチュリー」は、日本のＶＩＰのショーファーカーの座を輸入車から日本車に取り戻すという功績を挙げることに成功します。しかし、その後、日産は業績悪化などもあって「プレジデント」を廃止。日本のＶＩＰのためのクルマという大役を担うのは「センチュリー」だけとなっています。

トヨタは２０２３年にＳＵＶスタイルの「センチュリー」を、セダン型に追加するかたちで発表しました。オーセンティックなセダン型だけにこだわるのではなく、若い世代のＶＩＰにも求められるスタイルを用意したのです。「センチュリー（１世紀）」という名称の通り、今後１００年にもわたって「センチュリー」は、日本のＶＩＰのクルマとして活躍することでしょう。

第5章

販売チャネルに学ぶ
自動車流通・販売の世界

Chapter 5 :

The world of automobile distribution

ALL ABOUT THE AUTOMOBILE BUSINESS

1

完成から廃車になるまでのクルマの一生

クルマは販売されてからの先が長い商品です。日本で発売されたクルマが廃車になるまで（平均使用年数）は、２０２３年で13・42年となっています。１９７５年の平均使用年数６・72年から大きく伸びています。昭和の時代に、次世代へのフルモデルチェンジが６年周期だったのは、60〜70年代のクルマの寿命にあわせたものかもしれません。

10年以上も使い続けられるクルマという製品は、非常に多くの副次的なビジネスを生み出しています。裾野の広い優秀な商品でもあるのです。

まず、新車として販売されたときに、そのオーナーは、必ず民間の自動車保険にも加入します。クルマの保険は、損害保険会社の大きな柱のひとつとなっているのです。

そして、購入したクルマを使えば使うほど、燃料を消費します。これはガソリン・石油業界を潤します。電気自動車（ＢＥＶ）であれば電力を消費しますから、電気を売る電力会社が喜びます。

また、走る距離に伴ってクルマはタイヤやブレーキ、エンジン・オイルなどを消耗させてゆきます。自動車部品を製造する会社だけでなく、整備をおこなう人の雇用も守っているのです。クルマでどこかに遊びに行けば、どこかにクルマを停める必要があります。そこで儲けているのが駐車場ビジネスです。遊んでいる不動産を有効活用するときに駐車場ビジネスが使われることもあります。

さらに1台のクルマを、新車から廃車まで一人のオーナーが使い切ることは、それほど多くはありません。多くのクルマは、廃車になる前に、中古車として第二のオーナー、第三のオーナーの手に渡ります。そこでは中古車を買い取る人、買取と販売のあいだに立ってオークションをおこなう人、販売する人といったビジネスがおこなわれています。日本の中古車販売の規模は、２０２３年の時点で、乗用車が年間約５４０万台にも達し、トラックを含めると約６３４万台にもなります。それに対して新車の販売は、乗用車が約３９９万台、トラックを含めて約４７８万台。つまり、規模的には、新車よりも中古車市場の方が大きいのです。ちなみに輸入車の販売も同様で、２０２３年の輸入車の新車販売約31万台に対して、中古車の販売は約54万台もあります。

最後に「誰もいらない」となって廃車になるあとも、本当の意味で、クルマは捨てられません。リサイクルに回されるのです。きれいなガラスやボディパーツなど、使えそうな部品は取り外されて、中古品として販売されます。そして最後は、シュレッダーで粉砕され、金属やゴム、プラスチックは素材として回収され、その他は燃やして熱エネルギーとして再利用されます。シュレッダーダストになった約97%（2022年実績）がリサイクルされており、最後の最後にゴミとして出るのはクルマ1台当たり、わずか6kg（2022年）に過ぎません。

過去10年で増えてきた電気自動車（BEV）でいえば、搭載する大きな駆動用の二次バッテリー（リチウムイオン電池）を、家庭用や電車の踏切の信号などに再利用するという試みもあります。クルマには捨てるところがないのです。

また、日本の中古車は海外でも人気が高く、日本では買い手のつかない古いクルマも海外では売れることもあって、毎年、約150万台程度が海外に輸出されてゆきます。旅行に行った海外で、ボロボロの日本車がいまも現役で活躍しているのを見た経験のある人も多いはずです。それだけ日本車はタフなのです。

こうした裾野の広いビジネスを実現するのがクルマという商品です。日本の労働人口の約8%を占める約550万人という人がクルマにかかわれるのは、そうした長い時間使われるクルマという製品の特性にも理由があります。

ALL ABOUT THE AUTOMOBILE BUSINESS

2

強い力を持つ地場資本のディーラー

街の大きな通り沿いに、自動車メーカーの大きな看板を掲げて、新車を販売するのが正規ディーラーです。特定の自動車メーカーのクルマだけを販売しており、販売だけでなくメンテナンスなどカーライフ全般をサポートし、全国エリアで、ほぼ均一のサービスを提供します。自動車メーカーとの関係は非常に深いものの、その実、自動車メーカーとは別の会社になります。

もちろん、自動車メーカー資本による子会社となる販売会社も多数存在します。しかしながら、日本の新車販売において、地場資本による販売会社は非常に大きな力を持っています。地場資本とは、その地域に根差した資産家や企業によって出資されていることを意味します。つまり、自動車メーカーとは資本関係になく、独立した企業であり、立場的には、世界的な自動車メーカーとも対等となるのです。

特にトヨタは、国内の販売会社のほとんどを地場資本に任せています。そんな地場資本には、地元の名士・名家がかかわっていることが多く、地域ユーザーに強いコネクションが存在します。地元に存在する富裕層に顔が効くのです。当然、地元の人への信頼も厚いことでしょう。そうなれば、クルマも売りやすくなります。「クルマを買うなら、名士である～さんのかかわる会社から買おう」となるわけです。トヨタが「強い販売力を持っている」と言われるのは、そうした地場資本の強さが理由になっていると言えます。

また、トヨタほどではないけれど、ホンダや日産も新車販売の半数ほどが、そうした地場資本による正規ディーラーが担っています。

そういうこともあり、日本の自動車メーカーに対して、地場資本の販売会社は強い発言力を持っています。新型車を発売するときは、自動車メーカーは事前に、販売会社へ新型車を披露します。「こんなクルマを売る予定なので、よろしくお願いします」というわけです。販売側からの要望で、新型車の内容が変わることも、よく聞く話です。販売が途切れていた、とある人気ＳＵＶが復活したのは、そうした販社の要望だったと噂されるほどです。また、新車の販売ルートは正規ディーラー以外にも存在しています。それが業販店です。

業販店は、サブ・ディーラー、協力店、副代理店などとも呼ばれています。新車販売だけではなく、中古車販売や自動車整備工場、ガソリンスタンドなどと兼業の場合も多々あります。逆に自動車整備工場やガソリンスタンドが主で、新車販売はお客さんに頼まれたときだけというケースもあります。

そうした業販店が新車を販売するときは、正規ディーラーからクルマを仕入れます。この場合、正規ディーラーは卸売りという立場となります。

業販店は資本が小さいことが多く、正規ディーラーに対して、店舗の見栄えやサービスの内容的に見劣りすることもあります。自動車整備工場やガソリンスタンドがメインであれば、正規ディーラーのようなショールームがなくて当然でしょう。それでも業販店は、着実に新車を販売します。これは、ユーザーとの接点が多いのが理由です。さらに正規ディーラーの存在しないエリアをカバーするという役割もあります。また、新車価格が正規ディーラーよりも安いこともあるようです。これは正規ディーラーの場合、自動車メーカーとの付き合いが深いゆえに思い切った値引きがしにくく、一方で、業販店は自動車メーカーとの距離が遠い分だけ自由にできるというわけです。

特に軽自動車の販売では、業販店が強く、軽自動車を主力商品とするスズキとダイハツは、販売における業販店の割合が高いと言われています。

ALL ABOUT THE AUTOMOBILE BUSINESS

3

懐かしの販売チャネル

現在、日本では同じ自動車メーカーの正規ディーラーであれば、どこに行っても、そのメーカーのすべてのクルマを買うことができます。「当たり前でしょ?」と思うかもしれませんが、以前は違っていました。

昭和から平成のころの日本の自動車メーカーは「販売チャネル」という方式を採用していたのです。トヨタであれば「トヨタ」「トヨペット」「カローラ」「ネッツ」という店名の4種類の販売チャネルがあり、それぞれで違うクルマを売っていました。「トヨペット」扱いのモデルを買いたければ、「トヨペット」に行かなければなりません。それ以外のお店では売っていません。

同じようにホンダならば「ベルノ」「クリオ」「プリモ」がありました。日産は「日産店」「日産モーター」「日産プリンス」「日産サティオ」です。マツダは、バブルの終わりに「マツダ」「アンフィニ」「ユーノス」「オートザム」「オートラマ」という、トヨタを上回る５チャネルに挑戦していました。

こうした複数のチャンネルを用意すると、販売チャネルごとに趣味嗜好や価格帯を変えたクルマを用意できます。顧客が想定しやすくなるので、売る方も楽ですし、買う方も選びやすくなります。

ただし、チャネルが増えるほどに数多くの車種が必要になります。昭和の経済成長とクルマの普及にあわせた拡大路線のための戦略とも言えます。

４チャネルを持っていたトヨタは、モデル数を稼ぐために、兄弟車を数多く生み出しました。中身は同じでもデザインと装備類を変えることで、違うクルマとするのです。たとえば、ミドルサイズのセダンであった「マークⅡ」は、よりスポーティに振った「チェイサー」、より上品にした「クレスタ」が作られ、「マークⅡ」３兄弟と呼ばれていました。

そうした多チャネルのトヨタの名残が、いまの「アルファード」と「ヴェルファイア」、「ノア」と「ヴォクシー」という兄弟車となります。

もちろん、数多くの車種を用意するのは、メーカーにとって大きな負担です。平成の始まりの時期に、バブルの勢いに乗って多チャネル化に挑戦したマツダは、バブルの崩壊と景気低迷によって大打撃を受けました。この失敗によって、１９９６年、マツダは以前から付き合いのあったフォードの救済を受けることになり、独立を手放しフォード傘下となってしまったのです。

そうした平成の景気低迷期を経て、日本の自動車市場は、どんどんと縮小してゆきます。バブル末期の１９９０年に年間約７７７万台であった日本国内の新車販売台数は、２０１０年には約４９６万台、２０２０年には約４６０万台と減ってゆきます。乗用車だけなら、１９９０年の５１０万台から２０２０年の３８０万台への減少です。それにあわせて、自動車各メーカーは販売チャネルの統合を進めてゆきます。

ほとんどの自動車メーカーが販売チャネルの一本化を進める中で、最後まで多チャネル体制を維持していたトヨタも、２０２０年に全販売店全車種併売化を実施。多チャネルの看板は残るものの、どこの店でも、すべてのトヨタ車が買えるようにしたのです。ここに多チャネルの時代は終焉を迎えることとなりました。

ちなみに、レクサスもトヨタの中での販売チャネルの一種となりますが、レクサスはさらに一歩進んだ別ブランドという扱いです。逆に、どのトヨタの店でもレクサスを買えるようになっては、ブランドの価値が下がってしまいます。ここは頑張って、販売チャネルを維持するのが正解でしょう。

実のところトヨタ以外の日本メーカーも、海外では別ブランド展開をおこなっています。

日産はインフィニティ、ホンダはアキュラです。

ホンダの場合、2016年から「NSX」という2370万円もするスーパースポーツカーを販売していました。しかし、アメリカでは高級ブランドのアキュラで売ることができましたが、日本ではホンダからの発売となります。すると、ホンダの販売店では、超高額な「NSX」の隣に安価な軽自動車が並ぶという事態になります。これでは「NSX」のターゲットとなる富裕層を遠ざけてしまいます。そういう意味で、トヨタがレクサスを残すのは当然と言えるでしょう。

日産とホンダが、もう少し頑張って、日本にインフィニティとアキュラを導入できれば、それぞれの海外で販売する、もっと高性能で高額なクルマが日本にも入ってきたはずです。クルマ好きとしては、インフィニティとアキュラがないのは、かなり残念な状況と言えるでしょう。

ALL ABOUT THE AUTOMOBILE BUSINESS

4

時代と共に移り変わる商談と支払い方法

世の中に、インターネットとスマートフォンが普及したことで、私たちの生活は大きく変わりました。同じように、クルマを買うときの商談スタイルも、インターネット／スマートフォン普及以前と以後では、大きく変わります。

インターネットもスマートフォンもなかった昭和の時代、情報収集は印刷物の雑誌、もしくはディーラーで頒布されるカタログしか手段がありませんでした。そのためクルマがほしいという人は、いま、どんなクルマが発売されているのかを雑誌でチェックしていたのです。そうでなければ、直接にクルマを販売する正規ディーラーに赴いて、カタログをもらうしかありません。

また、クルマの情報を得るには、販売スタッフである営業マンと話をして聞き出す必要があります。そのため以前は、いまよりも、もっと頻繁に人々は正規ディーラーを訪れていたのです。

そして正規ディーラーの営業マンは、とにかく出かけまくっていました。過去に正規ディーラーでクルマを買った人の家に、カタログを抱えて定期的に訪れていたのです。定期点検や車検などは、顧客と顔をあわせるチャンスです。何度もクルマを買ってくれている優良顧客であれば、お客様の家までクルマを取りに行くのも当たり前。さらには、商談のために見積書を持って、顧客の自宅を直撃します。仕事帰りを狙って、夜間や早朝に訪れることも。まさに夜討ち朝駆けというスタイルです。いまだったら「プライバシー侵害、気持ち悪い」と言われてしまうでしょう。しかし、当時は「ディーラーにまで行くのが面倒だから、お前が来い」という態度だったのです。

しかし、インターネット／スマートフォンの登場で、状況が一変します。

いまでは、ほとんどの人が情報収集にインターネット／スマートフォンを活用します。そして、ある程度、目星をつけてから正規ディーラーを訪れるようになりました。ですから「カタログがほしい」とふらりと来店する人は、ほとんどいないと聞きます。

また、プライバシーに関する常識も変化しました。販売スタッフが顧客の家に直撃することもなくなっています。そうなると営業マンの数も減ってきます。そのため、いまでは正規ディーラーに訪れるときは、事前に予約を取っておくことが推奨されるようになりました。電話でもかまいませんし、正規ディーラーのホームページからネット予約もできるようになっています。

そして自動車メーカーのホームページでは、簡単な見積もりを作ってくれるサービスも用意されています。一部店舗では、オンラインでの相談サービスも実施しています。

最終的にクルマの購入は、ハンコを契約書に押す、納車する、などといったリアルな場が必須となりますが、それに至るまでの道程は、オンラインで済ますことができるようになっているのです。

また、購入時の料金の支払いも、昭和と令和では、大きく異なっています。昭和のころは、現金一括払い、もしくは、金融機関にお金を借りるローン（クレジット払い）の2択でした。

しかし、現在はローン（クレジット払い）の利用者が減って、代わりに残価設定払いを利用する人が増えています。これは、3年や5年後のクルマの価値を残価として、それを除外して支払うという方法です。残価が50%であれば、ユーザーの支払いは半額になります。月々払いで比較すれば、ローン（クレジット払い）の半額になるのです。ただし、3年や5年といった契約期間満了時に、クルマを返却する必要があります。ここが残価設定の特徴です。

もしも、残価設定払いで、満期後もクルマに乗り続けたい場合は、残額を月々払いで払い続けることになります。ところが、3年や5年もたてば、多くの場合、次の新しいクルマに乗り換えたくなるもの。そういう場合、残価設定での支払いは、古いクルマの売却などの面倒がなく、簡単に次のクルマに乗り換えることができます。そうしたこともあり、いまでは、ローン（クレジット払い）に替わる支払として残価設定が人気となっているのです。

また、サブスクリプションという個人リースも、近年になって利用者が増えています。以前は、「リースといえば法人向け」というのが常識でしたが、いまでは個人でも使うのが普通になってきています。車両代金に維持費などを含めた全額を、均等に月々払いとするのが個人リースです。初期費用が低く、面倒がないということで、若い人を中心に人気を集めています。

ALL ABOUT THE AUTOMOBILE BUSINESS

5 世界のモーターショー 悲喜こもごも

これまで取材で世界各地のモーターショーを訪れました。名前を挙げれば、日本、デトロイト／ロスアンゼルス（アメリカ）、ジュネーブ（スイス）、フランクフルト（ドイツ）、パリ（フランス）、北京／上海（中国）、ソウル（韓国）、バンコック（タイ）、ジャカルタ（インドネシア）、デリー（インド）、ホーチミン（ベトナム）となります。面白いのはモーターショーの様子が国によって大きく異なることです。また、時代の流れにより、徐々に盛り上がっているところ、そして逆に沈下していっているところもあります。

古い話からすると、かつて昭和から平成初期のころは、「世界5大モーターショー」がもてはやされていました。日本、デトロイト、ジュネーブ、パリ、フランクフルトの5か所です。スイスを除く4か所は、自動車メーカーがたくさんある国であり、スイスは逆に「ドイツとフランス、イギリス、イタリアを含む、欧州の中立的なショー」という立ち位置でした。当時はインターネットがないため、取材は現地に行くのが基本です。ですから、5大ショーには世界中からメディアが集まり、その前で自動車メーカーが、ド派手に新型車を披露していたのです。

ところがインターネットの登場により、そうした状況も徐々に変化してゆきました。記者が集まる場ではなくとも、インターネット経由で、自由に、そして安価に情報を発信できます。

その結果、２０１０年代も後半になると、発表の場という5大ショーの役割は小さくなってゆきます。それにあわせ、どんどんとショーは縮小化します。以前はインターナショナル・ショーとして、どこのショーであっても日欧米の自動車メーカーが参加していました。

ところが、注目度が低下するのに従い、参加するメーカーが減ってゆきます。気が付けば、どこのモーターショーも参加しているのは、ほぼ自国の自動車メーカーのみになっていました。日本だけでなく、フランクフルトもパリもデトロイトも同様です。インターナショナルではなく、すっかりドメスティックなショーとなってしまったのです。自国の自動車メーカーのないジュネーブなどは、開催自体がなくなってしまったほどです。

インターナショナルな世界5大ショーは、ことごとく過去の名声を失ってしまいました。

そのため、現在、日欧米のモーターショーは、新しい存在価値を模索する途上です。ドイツは会場をフランクフルトからミュンヘンに変えました。日本は名称を「東京モーターショー」から「ジャパン・モビリティ・ショー」と変え、クルマだけなく、より幅広い展示を扱うようになっています。

しかし、廃れる人がいれば、その逆もあります。それが中国やタイ、インドネシアなどの新興国のモーターショーです。

中国は2000年代以降の急成長で、いまでは年間3000万台を販売する世界最大の自動車市場になりました。ちなみに日本は年間400万台レベルで、世界2位のアメリカでも1600万台です。いかに中国が突出しているかがわかります。

そんな巨大市場ですから、当然、世界中の自動車メーカーが出展していますし、モーターショーの会場も巨大です。中国は、何でもかんでも大きく、展示スペースだけでなく、廊下や広場もとんでもなく広くて、取材に行くたびにヘトヘトになってしまいます。そして、その広い会場を埋め尽くすほどの人が集まっているのです。勢いのある国ということが実感できます。

また、タイやインドネシア、ベトナムといったアセアンの新興国のモーターショーも、非常に熱気があります。ただ、ひとつ異なるのはアセアンの場合、モーターショーはクルマを買うイベントでもあるということです。クルマの展示の裏には商談スペースが用意され、そこにはローンを扱う銀行も出張してきて窓口を構えます。お客さんは、モーターショー会場で、ほしいクルマをライバルと見比べながらチェックして、その場で見積もりを取って、さらにはローンを組んで購入を決めるのです。

新興国ですから、新車を買うのは、日本人でいえば家のような大きな買い物です。気合も当然入ることでしょう。ショーが盛り上がるのもよくわかります。

ちなみに、こうしたクルマを買うショーの場合、コンセプトカーよりも、購入対象として、すでに販売されているクルマの展示に人が群がります。モーターショーの会場で疲れ切った人々が、人気がなくて空いているコンセプトカー展示の前で休憩していることを見たことがあります。

日本や欧米のモーターショーでは、コンセプトカーはショーの華。その前が空いていて、休憩場所になるとは考えられません。これも新興国のモーターショーならではの光景です。

ALL ABOUT THE AUTOMOBILE BUSINESS

6

投資対象化してゆく日本のクルマ

コロナ禍が明けてから、日本だけでなく世界的なインフレが進みました。そんな中で、いち早く、コロナ禍の頃からグングンと値段を上げてきたモノがあります。それが古い日本車です。特に1990年代から2000年代にかけてのスポーツカーの中古車価格が、驚くほど高騰しています。

たとえばトヨタのスポーツカー「スープラ（80型）」（1993年発売）であれば、中古車が500〜800万円もすることがあります。当時の新車価格は一番高いグレードでも472万円で、最も安いところでは290万円のグレードも用意されていました。ところが、それが約30年後のいまは新車価格以上、下手をすると2倍ほどにまで価格が上昇しているのです。

ホンダが1990年に発売した初代「NSX」も価格が上がっています。「NSX」は、アルミで作ったボディの背中側にエンジンを乗せたミッドシップというスタイルの2人乗りのスポーツカーです。当時の絶大なF1人気を背景に、800〜864・4万円という、当時の日本車の常識を上回る価格で登場。「日本初のスーパーカー」とも呼ばれました。

その「NSX」の中古車は、600〜800万円という新車価格並みのものもありますが、程度がよければ1300〜1500万円になることもあります。新車価格が高かったこともあり、2倍には届きませんが、それでも20年も30年も前のクルマの価格と考えれば、十分に高額です。

そして、さらに驚くのが日産の「スカイラインGT-R」の価格です。特に、通称「R34型」と呼ばれ、1998年から2002年に発売されたモデルの高騰が目立ちます。「R34型」は、1989年から始まる第2世代の「スカイラインGT-R」の最終モデルという存在です。1998年の発売当時の価格は499・8万円から。最終の2002年の限定車でも630万円でした。ところが、2024年暮れでは、中古車価格は1400〜7700万円にも高まっています。ボリュームゾーンは2〜3000万円になります。

これまで、日本車といえば、「中古になれば価格が下がる」というのが常識でした。もちろん、人気が高く、貴重なクルマは、中古車になって価格が上昇することはありました。たとえば1967年に発売されたトヨタ「2000GT」は、わずか337台しか生産されておらず、市場には滅多に出回りませんから、いくらお金を用意しても、なかなか買うことができません。やっと売り物が出れば1億円になることもあります。

同じように2010年に世界500台で限定販売されたトヨタのスーパースポーツ「LFA」も同様です。こちらは新車価格が3750万円もしたということで、中古車価格が1億円の大台に乗っても当然のことでしょう。

しかし、「スカイラインGT－R」はヒット車ということもあり、新車が販売されているあいだは誰でも買えましたから、「2000GT」や「LFA」とは比べられないほど、数多くのクルマが存在します。

しかも、新車販売されている当時であれば、中古車の価格は、当然のように値段が新車よりも下がっていました。3～400万円で手に入っていたこともあるのです。これは「スープラ（80型）」や「NSX」でも同様です。そんな安いときにクルマを手に入れて、大切に保管できていれば、立派な資産となっていたのです。

とはいえ、古い日本車のすべてが値段を上げているわけではありません。数ある日本車の中でも、特に人気のある、ごくごく一握りのモデルだけが、そうした扱いとなっています。

しかし、限られたとはいえ、日本車の限定車でもなかった、普通の量産モデルが、そうした資産的な価値を持つようになったのは、重い意味を持つのではないでしょうか。

欧米の古の名車には、同じように資産的な価値を持つクルマが他数存在しています。古いフェラーリやベントレーなどの名車と呼ばれるクルマたちです。また、1960年代に一世を風靡したエキゾチックなスーパーカーも値段を常に高め続けてきたクルマのひとつです。これらのクルマは、誰もが憧れる存在であり、その価値の高さが、価格として反映されていたと言えます。

それら欧米の名車と、日本車が同じように価値が認められる時代が到来したのです。これは、それだけ日本車の歴史が長くなり、日本車のレベルが高くなったことを意味しています。昭和の時代、日本の自動車メーカーは欧米に追いつくために必死に努力してきました。そしていまになり、その努力が認められるようになったと言えるでしょう。すばらしいことです。

ALL ABOUT THE AUTOMOBILE BUSINESS COLUMN

歴史を変えた名車　日産「スカイラインGT－R」

日本が育てた、最も日本らしいスポーツカーが日産「スカイラインGT－R」です。

「スカイラインGT－R」は、ミッドサイズ・セダンである「スカイライン」の高性能グレードとして1969年に初代が誕生しました。

もともと「スカイライン」は、1966年に日産と合弁したプリンス自動車が開発した高性能なセダンです。セダンですから4～5人乗りであり、快適性や利便性なども重視されていました。その「スカイライン」に、ほとんどレーシングカーのようなパワフルなエンジンを搭載したのが初代「スカイラインGT－R」だったのです。そんな初代「スカイラインGT－R」はデビュー直後から国内レースで連戦連勝します。見た目はおとなしいけれど、走れば驚くほど速いため、当時は「羊の皮をかぶった狼」とも称されました。ボディが箱形だったので、「ハコスカ」との愛称も得ています。その後、日本を襲ったオイルショックの影響で、1973年に登場した次世代「スカイラインGT－R」は、発売4カ月後に、わずか200台足らずで生産終了となってしまいます。

この初代と2代目の「スカイラインGT‐R」が、いわゆる第一世代となります。４年という短い期間ではありましたが、「スカイラインGT‐R」は国内最強最速のスポーツカーとして強烈な印象を残します。

その後、普通のセダンの「スカイライン」は高性能なスポーツセダンとして人気モデルとなっていましたが、「GT‐R」は復活しませんでした。しかし、バブル景気と呼ばれた好景気に沸く1989年に「スカイラインGT‐R」は復活します。ベースはR32型「スカイライン」であったため、復活したモデルは「R32GT‐R」とも呼ばれます。その「R32スカイラインGT‐R」は、すぐにレースに復帰し、ここでも連戦連勝の強さを見せつけます。ベースのセダンである「スカイライン」の世代交代にあわせて、「GT‐R」グレードは続き、R32型、R33型、R34型と、3世代にわたり2002年まで生産が続きます。これが第2世代となります。特徴は、無敵のサーキットマシンでありながらも、4座のセダンという二面性を保っていたことでしょう。

その後、5年の空白期間を経て、2007年に現在に続く「ニッサンGT‐R」が登場します。4座のスポーツカーというスタイルは維持しながらも、名称から「スカイライン」が消えています。量産セダンとの紐づけが消えたことで、新生「GT‐R」は、よりハイパフォーマンスとなり、価格も上昇します。デビュー直後こそ、777万円からという値付けでしたが、徐々に価格アップを続け、最新の2025年モデルでは1443〜2289・1万円までになっています。量産セダンの派生グレードではなく、超ハイパワーのスーパーカーという存在にポジションを変化させたのです。この「ニッサンGT‐R」は、やはり型式名から「R35GT‐R」と呼ばれています。ちなみに本格的に世界市場に売りに出されたのは、この「ニッサンGT‐R」になってから。その性能の高さは、ハイパフォーマンスカー好きに、すぐに認められます。

こうした長い歴史を通じて、「GT‐R」は常に4座というスタイルを堅持してきました。また、トヨタ「スープラ」や、ホンダ「NSX」といったライバルも登場しましたが、現在でも進化の歩みを止めず、販売を続けているのは「ニッサンGT‐R」のみ。誰もが認める「国内最強のスポーツカー」です。

第6章

オートサロンに学ぶアフターマーケットの世界

Chapter 6 :

The world of aftermarket

ALL ABOUT THE AUTOMOBILE BUSINESS

1

車検が担うさまざまな役割

日本ではクルマを維持していると、有無を言わさず、定期的に車検を受けなければなりません。新車を購入したのであれば納車後3年目、中古車の購入ならば2年目に、新車ディーラーや整備工場などにクルマを持ち込んで車検を受けます。その後も2年ごとに車検は永遠に続きます。

では、車検は何のためにおこなうのでしょうか。それには大きく2つの理由があります。ひとつは、そのクルマが安全に走行でき、環境に対する基準を守っているのかを確認することです。これが車検での検査にあたります。新車が最初に登録するときに新規検査が実施され、その後は一定期間ごとに、継続検査がおこなわれます。乗用車であれば新車からの初回は3年目で、それ以降は2年ごとに車検となります。

商用車の場合は、車種にもよりますが、より酷使されるため、車検のタイミングは、より短く、タクシー・バス／8トン以上の貨物トラックは初回から1年ごとになります。軽自動車の貨物は初回2年で、以降も2年ごとです。

そして、もうひとつの車検の役割は、登録です。土地などと同じように、クルマの所有者を国が認める「自動車登録ファイル」の登録を、一定期間ごとに確認しています。クルマのボディには1台ずつ固有の車台番号が刻印されています。この固有の車台番号のクルマに対して、所有者は誰なのかを「自動車登録ファイル」に記録して、国が管理しているのです。それを定期的に確認するのが車検のタイミングとなります。

ローン払い（クレジット）でクルマを購入すると、車検証に記載される所有者は、ローンを提供する金融会社となります。そのため、ローンの支払いが終了したあとは、すみやかに車検証の所有者変更の手続きをおこないましょう。

そんな車検に対して、「お金のかかる、面倒なもの」と考えている人が多いはずです。車検は、数多く存在するクルマの維持費の項目のうち、一度に最も大きな金額が発生します。クルマを維持する上で、最大の負担とみなす人もいるはずです。10万円以内でおさまれば御の字。下手をすると、20万円や30万円、さらには、それ以上の金額になってしまうこともあるのです。

では、なぜ、それほど車検にお金がかかるのでしょうか。

実のところ、車検場における検査だけの費用は、それほど高いわけではありません。検査と手続きの法定費用だけであれば1万円もかかりません。ところが、車検トータルで非常に高額になってしまうのには、2つの理由があります。

ひとつめの理由は、車検のタイミングで、保険（自賠責保険）と税金（重量税）を支払うことになるからです。重量税はクルマの車両重量が増えるほど高額になりますが、普通の乗用車であれば1万5000円～4万1000円程度、自賠責保険が24カ月分で1万7650円になります。この税金と保険だけで、3～6万円もかかってしまうのです。

そしてもうひとつが、メンテナンスの費用がまとめてかかるからというものです。クルマは消耗品の塊のような製品ですから、走らせるほどに、タイヤやブレーキなど、いろいろなものが消耗します。

そうした消耗品を2年に一度の車検にあわせて、一気に交換するため費用がかさんでしまうのです。毎年しっかりと消耗品を交換していれば、車検時にかかるメンテナンス費用は低く抑えることが可能となるのです。

また、メンテナンスを実施するディーラーや整備工場でも「車検のときにしかメンテナンスをしない」と考えれば、安全マージンを多くとって部品を交換しようと思うはず。その安全マージン分だけ、費用は、より高くなってしまうのです。

これはディーラーや整備工場から見れば、安全を提供したいという親切心からのものであり、決して不当に高い費用を請求しているわけではありません。

もしも、車検時のメンテナンス費用を抑えたいと思うのであれば、より頻繁にディーラーや整備工場で点検・整備するのがおすすめです。一方で、手間暇を惜しむのであれば、車検時にまとめて、安全マージンを十分に取ったメンテナンスを実施すべきです。

ALL ABOUT THE AUTOMOBILE BUSINESS

2

世界各地の車検事情

日本でクルマを所有するための義務となるのが車検です。手間暇と費用がかかるため、それを負担と感じる人も多いはずです。そんなとき、耳に入ってくるのが「海外では車検のない国もある」という話です。車検がなければ、クルマを所有する負担が小さくなりますから、「羨ましいなあ」と思うことでしょう。

しかし、実際のところ、ほとんどの先進国には車検制度が存在します。「アメリカには車検がない」と言われていますが、それは半分正解で半分間違いです。どういう意味かといえば、「日本のように国が定めた一律の車検」はありません。

しかし、州ごとに日本の車検と同じような制度が存在します。カリフォルニア州であれば、2年ごとに排気ガス検査をおこなわなければなりません。国全体としてはほとんどの州で、定期的なクルマの検査制度が存在しています。

似たようなかたちで、オーストラリアも州ごとにルールが異なります。車検のない州もあれば、ある州もあるというわけです。メキシコも国の統一の制度はなく、州など自治体ごとに検査を実施しています。

では、現在、世界最大のクルマの市場となっている中国はどうでしょうか？　実は、非常に厳しい車検制度が実施されています。車検証にはクルマの写真が掲載されており、車検時には、クルマが写真通りであることが求められます。つまり、ホイールを交換したり、エアロパーツを装着することもできません。クルマのボディカラーも変更不可。もしも、交換するならば車検のときに、もとに戻す必要があるのです。

しかし、どれだけハードルが高くともカスタムしたい人も中国にはたくさん存在しているようです。そのため、カッティングシートでボディ全体を包み、好きなボディカラーに変えるというカスタムが人気となっています。これであれば、簡単に、もとの色に戻せるからです。厳しい状況に対する抜け道を考える中国庶民の強かさを感じます。

また、欧州も日本なみの車検制度が存在しています。フランス、ドイツ、スイス、イギリスといった国の検査内容は、ほとんど日本と変わりません。

結局のところ、先進国であれば、どこに行っても、ほとんど日本と同じように定期的にクルマを検査する必要があるのです。

とはいえ、どこの国も、車検を負担に感じているかどうかは別です。

日本ではクルマのユーザーの約75％が「自動車にかかる税金に対して、非常に負担に感じる」という調査結果があります（ＪＡＦ調べ「自動車税制に関するアンケート調査」２０２４年）。その理由のひとつとなるのが、車検時に課せられる「重量税」です。欧米諸国には、重量税と同種の税金はありません。そのため、車検時にかかる費用は、まさに点検にかかる費用だけというケースもあるのです。

ちなみに、ＪＡＦが提言する「２０２５年度税制改正に関する要望」には、日本と欧米各国で13年間クルマを維持したときの税負担の比較表が掲載されています。それを見ると、日本のユーザーの税負担は、欧米よりも約１・４～23・４倍も大きいことが記されています。イギリスは差が小さく約１・４倍、アメリカは約23・４倍にもなります。

また、日本の車検であっても、検査だけであれば、欧米諸国ともそれほど差がありません。つまり、重量税がなくなれば、日本であっても車検にかかる費用はぐっと軽いものになるのです。

ちなみに、こうしたクルマに関する税金は、政治によって簡単に変化します。たとえば、２０２４年末に自民党、公明党、国民民主党の3党は「ガソリン暫定税率廃止」を合意しました。ガソリン暫定税率とはクルマの燃料となるガソリンに対して、本来よりもプラスアルファ多く税金を課すというものです。具体的には、1リットル当たり本来は28・7円だったものが、暫定税率により1リットル当たり53・8円（揮発油税／地方揮発油税）が課されています。

道路を作る費用として、1970年代のオイルショック時がきっかけとなって導入されています。ところが景気を持ち直したあとも、なんだかんだと継続されていました。そんなクルマに関する税金も、「103万円の壁」（所得税の扶養限度額）の話し合いの中で、あっけなく改正されています。

重量税も、JAFのように粘り強く改正を求めていれば、いつかは廃止になる可能性もあります。「車検が負担」と思うのであれば、その内容を知ることも重要ということです。

ALL ABOUT THE AUTOMOBILE BUSINESS

3

チューニングが違法だったあの頃

愛車をエアロパーツなどで飾り付けたり、走行性能を高めたりするためにサスペンションやマフラーを交換するのがチューニングです。カスタムと呼ぶこともあります。日本語にすれば改造です。

いまは自動車メーカーの純正チューニング部品も用意され、新車販売ディーラーで、そうした部品を愛車に装着することも可能となっています。さらには、メーカーの手によってクルマ全体をカスタムした、メーカー・チューンのクルマも販売されていたりします。

日本はチューニングの先進国のひとつと言っていいでしょう。

そんな日本のチューニングの歴史は、2つに分けることができます。1995年の規制緩和の前と後です。

1995年の規制緩和とは、同年に日本市場におけるチューニングに対する規制緩和がおこなわれたことを意味します。簡単に言えば、規制緩和の前まで、チューニングは違法だったのです。車高を下げることはできませんでしたし、大きなエアロパーツを取り付けることもダメです。爆音を出すような、マフラーの交換なんて、とんでもない！　という状況だったのです。

しかし、チューニングが違法だからといって、カスタムが一切なかったというわけではありません。違法ではありましたが、カスタムしたい人は法律違反を知った上でも実施していたのです。

たとえば１９７０年代から80年代は暴走族が社会問題になるほど大きな存在となりました。彼らは警察に捕まることなど気にせずにクルマを改造しました。

それだけでなく、当時はレースの人気が高く、レース用に改造された量産車ベースのレーシングカーを真似するチューニングも流行りました。その題材のひとつが「富士スーパーシルエットフォーミュラ」というレースです。大きなエアロパーツを装着した、独特なスタイルは若者の間で人気となります。

人気があれば真似をしたくなるのもの。ところがチューニングは違法ですから、それを真似るための製品は存在しません。おのずとチューニングは自作中心となります。セダンの屋根を自分でカットして、オープンカーにしてしまうこともありました。〝どうせチューニングは違法なのだから、何でもやってしまおう〟というわけです。

そうした街の自作チューニングカーを紹介することで人気を集めた雑誌企画がありました。それが、モーターマガジン社発行『ホリデーオート』誌の〝Oh! My街道レーサー〟です。タイトルのように、レースカーのように改造した愛車を紹介する企画です。人気のシルエットフォーミュラを目指して、ベニヤなどを使って大胆にクルマをカスタムします。それを称して、誌面では「タケヤリ&デッパ」（マフラーが車体からはみ出し、槍を担いでいるかのように、空に向いていたことを竹やりと表現。クルマのフロントに数十センチも伸びたバンパー下のスポイラーを出っ歯に見立てた）、「チバラギ」（そうした街道レーサーが、千葉や茨城に多いことをから、千葉と茨城をあわせた）などの造語が生まれ、クルマ・ファンの中で認知されています。

当時の『ホリデーオート』は業界ナンバー1の雑誌でしたし、クルマの雑誌は、若者の大多数が読む人気媒体でした。クルマの話題は、下は中学高校生もしていたくらいでしたから、『ホリデーオート』での流行語は、いまであれば「流行語大賞」にノミネートされていてもおかしくないほどの大ヒットでした。

ちなみに、同じ『ホリデーオート』では「ハイソカー」（80年代に誕生した、ちょっと豪華なセダンを指す）などの呼び名も発明しています、「タケヤリ&デッパ」「チバラギ」「ハイソカー」という言葉が、すべて一人の編集者から生まれたというから驚きです。

素人によるめちゃくちゃな改造がある一方で、80年代にはチューニングを請け負うショップも生まれていました。多くはレース車両製作も兼ねていたようです。また、81年には『オプション』といったチューニング専門誌も生まれましたし、チューニングを題材にした漫画『よろしくメカドッグ』もヒットします。スポーツカー人気の高い当時の社会情勢もあり、違法でありながらも、チューニングは徐々に身近なものとなっていったのです。

そうした日本市場に目を向けたのがアメリカのアフターパーツの業界です。彼らは日本市場に参入するために政府を動かし、日本に規制緩和を迫りました。日本はアメリカ政府の意向にめっぽう弱いのは、当時もいまも同じ。70年代から80年代にかけて、さんざん禁止されていたチューニングへの規制は、あっという間に緩和となったのです。そして、この規制緩和でチューニングは合法となり、一気に広まります。日本におけるアフターパーツ市場が大きく成長するきっかけとなったのです。

ALL ABOUT THE AUTOMOBILE BUSINESS

4

年々存在感を増す東京オートサロン

日本におけるチューニングの最前線を体感できるイベントがあります。それが年に一度、1月上旬に開催される「東京オートサロン」です。これはクルマ関連の出版社である株式会社三栄が主催する、カスタムカーの祭典です。

その第1回は、１９８３年にチューニングカー雑誌『オプション』により、「東京エキサイティングカーショー」としてスタートしました。当時、チューニングはいまのように許されてはいませんでしたが、欧米にあるような、まっとうな「カスタムカー文化」を世に広めようという狙いで開催されました。そんな主催者の願いに、たくさんの賛同者が集まり、イベントは大いに盛り上がります。

そして１９８７年の第5回から名称を「東京オートサロン」に変更。開催を重ねるにあわせ、規模を拡大。１９９７年には東京ビッグサイト、１９９９年には幕張メッセと会場を移してきました。

いまでは、幕張メッセの国際展示場だけでなく、イベントホールや屋外展示場なども含む、広いエリアを使う一大イベントになっています。2020年の開催では、3日間の開催に33万人を超える人が来場するほどのイベントになります。

ちなみに国内最大級のクルマのイベントである「ジャパンモビリティショー」の2023年の開催では111万人超を動員していますが、こちらは開催日数が11日を数えます。1日当たりの集客数を考えれば、「東京オートサロン」と「ジャパンモビリティショー」は、ほぼ互角と言っていいでしょう。

ここで知っておいてほしいのが、「東京オートサロン」と「ジャパンモビリティショー」の違いです。どちらも会場にはクルマがズラリと並んでおり、何も知らないと、似たようなイベントのように思えてしまうかもしれません。しかし、2つのイベントには、大きな違いがあります。

それが「カスタムカー」と「新車」の違いです。

「東京オートサロン」は「カスタムカー」、「ジャパンモビリティショー」は「新車」の祭典となります。実際のところ、どちらも使うのは「量産車」ですけれど、「東京オートサロン」の展示車は、かならず、どこかに改造が施されているのです。

そして「東京オートサロン」は、1995年のチューニング規制緩和の前から開催されています。規制のある時代にチューニングをおこなっていたのは、市井のショップです。ショップには、社長一人きりという小規模なところもあります。

そうした小さなショップが数多く参加するのが「東京オートサロン」です。言ってしまえば、街のお兄さんたちが集まった村のお祭り。そんなアットホームな雰囲気が「東京オートサロン」にはあるのです。

一方、「ジャパンモビリティショー」は「新車」の祭典ですから、主役は自動車メーカー、そしてサプライヤーとなります。どちらも世界的な大企業ばかりです。ちゃんとしているだけでなく資本にも余裕があります。立派できれいなブースに、美しく磨き上げられた次世代のコンセプトカーや新型車が飾られています。

それに対して「東京オートサロン」は、街のショップですから、手作り感たっぷり。正直、出来のあやしい展示車も存在します。ショップどころか、専門学校の生徒による授業の一環で製作されたカスタムカーもあります。まさに玉石混交。だからこそ、世界的な大企業にはできない思い切りのよさがあります。そこに熱意が感じられるのです。

1995年の規制緩和の後、自動車メーカーはチューニングの部品販売に力を入れるようになり、「東京オートサロン」にも出展するようになりました。しかし、あくまでも、いまも「東京オートサロン」の主役は、街のお兄さんたちのショップです。

そうした日本のチューニングの熱気は世界に知られるようになり、いまでは「東京オートサロン」は、アメリカの「SEMAショー」、ドイツの「エッセンモーターショー」と並ぶ世界三大カスタムショーと位置付けられるほどとなりました。また、発展著しい、アセアンや中国からも多くの人が駆け付けるようになっています。

日本の最新のカスタムカー事情を知るときに避けては通れない大きなイベントが「東京オートサロン」と言えます。

ALL ABOUT THE AUTOMOBILE BUSINESS

5

クルマの進化とアフターマーケットの関係

クルマのチューニングやカスタムは、その当時のクルマの技術レベルと市場情勢が大きくかかわっています。

昭和の時代は、まだまだ技術が牧歌的でした。ほんの少しの工夫で、簡単にクルマの性能を高めることが可能だったりしたのです。抜けのよい、その代わり、音量が大きくなるマフラーに交換するだけで、パワーアップすることもありました。燃費は悪くなったけれど、燃料をエンジンに送るキャブレターを大口径にすることで、やはりパワーが出て、クルマが速くなったのです。屋根を切り取るような、むちゃなチューニングもありました。

また、昭和のころのチューニングは、まだ不法行為です。マフラー交換などにいそしむ人は少数派で、多くの人は、シートにカバーをかける程度。一般の人にとってチューニングやカスタムは縁遠い存在だったのです。

昭和の終わり頃の80年代になると、クルマにエレクトロニクスが導入されてゆきます。それに目を付けたチューニング業界は、90年代ごろからエンジンの電子制御プログラムに改良を加えます。コンピュータ・チューンと呼ばれるもので、見た目は、ノーマルそのままなのに、走らせると速い！　と大人気となります。

ところが、クルマ側の進化は、とどまりません。どんどんと複雑に、そして高度なプログラムが施されるようになります。例えていえば、パソコンが登場し、あっという間に普及したように、クルマの電子制御化も恐ろしいスピードで進みます。電子制御の技術が進むほど、プログラムに手を入れるのは難しくなります。そうなってくると、徐々にコンピュータ・チューンも下火になってゆきました。

そして、ハイブリッド車や自動ブレーキなどの先進運転支援システムが登場します。ハイブリッド車は、エンジンとモーターの2つの動力源を緻密に使い分けます。ここに外部から手を入れることはできません。自動ブレーキを含む先進運転支援システムも、エンジンとブレーキの制御に深くかかわります。さらに言えば、自動ブレーキや先行車を追従する機能では、周囲をセンサーで監視する必要があります。そのためクルマの姿勢や車高が大きく変化することを許しません。もちろん、一人乗車からフル乗車などによる重量変化による車高変化程度は許容しますが、極端な車高ダウンや、車高アップをおこなうと、センサーによる監視エリアの範囲が狂って、自動ブレーキが作動できなくなってしまうのです。それ以外にも、センサーを装着するフロントガラスや、ミリ波レーダーを装着するグリルなどを、修理・交換するときは、その位置を厳密に調整する、エーミングという整備作業が、現在ではおこなわれるようになっているのです。

つまり、自動ブレーキを含む運転支援システムを装着する現代のクルマは、極端な車高変化は許されなくなっているのです。

ところがチューニングそのものは、決して下火にはなっていません。サスペンションなどの足回り関係や、エアロを用いたドレスアップなどは、まだまだ人気です。ドレスアップなどは、自動車メーカーが率先して、カスタム・グレードを用意するほどです。

また、カーナビゲーション、ドライブレコーダー、ETC車載器の3つは、チューニングとは別に、誰もが必須とするアフターパーツとなります。これらは、徐々に純正メーカー・オプション化されていますが、アフターパーツメーカーの製品も高い人気を維持しています。

チューニング、カスタムなどを含むアフターパーツ業界は、常に時代の要望に合わせた商品を用意しているのです。

ALL ABOUT THE AUTOMOBILE BUSINESS

6

クルマの性能を上げたければタイヤを変えなさい

誰もが簡単に、そして確実にできるチューニングがあります。それがタイヤの交換です。タイヤをよいものに交換するだけで、愛車の性能は間違いなく向上します。また、タイヤは走行するほどにすり減り、必ず定期的に交換しなければならない部品でもあります。そういう意味で、タイヤは消耗品でもあり、チューニング部品でもあるのです。

タイヤは、一見、ただの黒くて丸いゴムの塊のようですが、そのゴムの中身には、最新の技術がめいっぱい詰まっています。表面に刻まれている溝にも、深い意味があります。同じ寸法であっても、快適性を磨き上げたコンフォートタイヤにも、極限の限界走行を楽しむためのスポーツタイヤにでも、作り分けることができるのです。

ですから、「もっとクルマの快適性を高めたい」と思うのであれば、コンフォートタイヤに交換すれば、それだけで、乗り心地と静粛性が高まります。「もっとキビキビと楽しく走りたい」というのであればスポーツタイヤを。「燃費性能を高めたい」というのであれば、エコタイヤを選んでください。最近では、「夏だけでなく、雪道にまで対応できる」というオールシーズンタイヤも用意されるようになりました。要望にあわせて、タイヤを選ぶこと。それもチューニングのひとつと言えます。

また、ホイールもあわせて、タイヤのサイズを変えるというチューニング手法もあります。クルマのタイヤは、直径さえ変更しなければ、扁平率や幅を若干変えることができます。扁平率とは、タイヤの厚みを意味するものです。正確には、接地幅に対する側面高さの比率です。それはタイヤのサイズ表示にも含まれています。たとえば「205／60R15」というタイヤは、「205」が幅、「60」が扁平率、「R」がラジアル、「15」がリムの径を意味します。このうち「60」%が扁平率となります。これを50%や40%にすると「扁平率を低くした」ことになって、タイヤを横から見たときに、タイヤが薄くなります。すると、タイヤの中に含まれる空気が減りますので、タイヤ全体の剛性が高まります。つまり、ハンドル操作に対する反応がよくなる一方で、乗り心地が硬くなります。キビキビとしたスポーツ走行を求めるのであれば、扁平率を低くするのがおすすめです。逆に、乗り心地をよくしたいときは、扁平率を高く＝タイヤを厚く＝タイヤの中の空気量を増やすことがおすすめとなります。

こうしたタイヤのサイズを変更することもチューニングとなるのです。

また、ホイール交換も立派なチューニングとなります。クルマの見たときの印象にホイールのデザインは大きく影響を与えているからです。愛車の雰囲気を変えたいときの手段として、ホイール交換は、最も手軽で効果の大きな手法となります。

そしてホイールはデザインだけでなく、走行性能にも影響を与えます。それは重さです。ホイールは重いほど、クルマの走行性能を低めてしまいます。ホイールはサスペンションの下にあり、路面の起伏にあわせて大きく上下に振動します。その上下の振動は、ホイールが重くなるほど、大きくなり、バタバタとした振動が発生してしまうのです。

逆に、ホイールを軽くすると、クルマの運動性能への悪影響が小さくなるのです。そうしたサスペンション下にあるホイールの重量は、〝バネ下重量〟と呼ばれています。純正ホイールよりも軽いホイールに交換することで、バネ下重量を軽量化し、スッキリとした乗り味を実現します。また、クルマ全体の軽量化にもなるので燃費も向上します。

数あるチューニングの中でも、タイヤとホイールの交換は、簡単、かつ有効性の高い手法となります。

ALL ABOUT THE AUTOMOBILE BUSINESS COLUMN

歴史を変えた名車　トヨタ「ＡＥ86」

「ハチロク」の呼び名で知られるのが１９８３年から１９８７年の４年間に生産されたトヨタ「カローラ・レビン／スプリンター・トレノ」の５代目モデルです。型式名が「ＡＥ86（エー・イー・ハチ・ロク）」であったところから「ハチロク」と呼ばれています。

名前からもわかるように、このモデルはトヨタのベストセラーカーである「カローラ」の派生モデルです。当時の「カローラ」は兄弟車として「スプリンター」があり、それぞれの2ドアモデルにスポーツグレードとして「カローラ・レビン」と「スプリンター・トレノ」が用意されていたのです。つまり、「ハチロク」とは、一部グレードを指すものでありました。

当時の日本の大衆車は、旧来のＦＲ（車体のフロントにエンジンを搭載し、後輪を駆動する）方式から、ＦＦ（フロントにエンジンを搭載し、前輪を駆動する）方式への変換期でした。ＦＦとすることで室内空間を広くすることができました。また、ＦＦは最新技術ということで先進感もあったのです。

そんな中、当時の「カローラ」の主力モデルであるセダンは１９８３年のフルモデルチェンジでＦＦ化されました。しかし、２ドアのスポーツグレードである「レビン」と「トレノ」の「ハチロク」だけは旧来のＦＲのまま販売されました。言ってしまえば、当時としても古臭い方式だったのです。

ところが、エンジンが比較的にパワフルで、車体が軽量であったこともあり、一部マニアに人気となります。４年というモデルライフが終了したあとは、手ごろな価格の中古車として、やはり若い世代の入門車として人気を集めていました。ただし、その人気は、いまのような大きなものではありません。何もなければ、その前の世代の「レビン」や「トレノ」と同じように消え去っていたでしょう。

ところが１９９５年に『頭文字（イニシャル）Ｄ』という漫画が登場します。この「ハチロク」を愛車とする主人公が活躍する漫画によって、「ハチロク」の運命は大きく変わりました。漫画の世界的なヒットを背景に、「ハチロク」は歴史に残るほどの人気モデルとなったのです。

ここで重要だったのは、「ハチロク」がチューニングされていることでした。漫画の中でもチューニングされていましたし、リアルな世界でも「ハチロク」にはチューニングのメニューが数多く用意されていました。「ハチロク」は、新車そのままではなく、チューニングカーのベース車として高い人気を集めていたのです。

　アフターマーケットを含んだ状況もあわせて人気になったというクルマは、なかなか他にはありません。

第7章

ミニバンに学ぶ自動車市場の世界

Chapter 7 :

The world of automobile market

ALL ABOUT THE AUTOMOBILE BUSINESS

1

ミニバンが人気なのは日本だけ

いまの日本は、ミニバンが大人気です。箱形ボディに多人数を乗せるクルマがミニバンとなります。特に日本では両側スライドドアを備えるタイプが人気となっています。本来的には3列シートが基本になりますが、いまの日本には、スライドドアに2列シートというスタイルも数多く存在しています。

どれだけ日本でミニバンが売れているかといえば、2024年の登録車の新車販売ランキングで言えば、3位の「シエンタ」、5位の「フリード」、7位の「セレナ」、8位の「アルファード」、10位の「ヴォクシー」とベスト10のうち5モデル、つまり半分を占めます。軽自動車では、1位がホンダの「N－BOX」、2位がスズキ「スペーシア」、3位がダイハツ「タント」と、ベスト3すべてが両側スライドドアの2列のミニバンとなります。

こういう国は先進国で他にはありません。日本だけの現象です。

もちろん日本が最初からミニバン王国であったわけではありません。歴史を振り返れば、最初に主流となったのはセダンです。庶民にクルマが普及するのをモータリゼーションと呼びますが、それが日本で発生したのは１９６０年代。そこでヒット車となったのは、トヨタの「カローラ」であり、ライバルの日産「サニー」でした。上級クラスではトヨタ「クラウン」と「コロナ」、日産の「セドリック／グロリア」「ブルーバード」と「スカイライン」が売れていました。これらは、すべてが「セダン」を基本とするモデルです。

セダンのすぐあとに人気を集めたのが、ドアが左右に2枚だけのクーペです。かっこいいクルマとして注目されます。さらに60年代にはトヨタ「２０００ＧＴ」をはじめマツダ「コスモスポーツ」など本格スポーツカーも登場しています。ただし、これらクーペや本格スポーツは人気こそ高いものの、たくさん売れたわけではありません。売れ筋は４ドアでした。

１９７０年代になると、後ろにトランクのないハッチバック車が人気となります。名前を挙げればトヨタ「スターレット」やホンダの「シビック」、三菱の「ミラージュ」です。マツダのハッチバック「ファミリア」は１９８０年代に大ヒット車となっています。

１９８０年代になると、さらに幅広い車型が人気となります。かっこいいクーペでデートのために使われる「スペシャリティ」に注目が集まり、ホンダ「プレリュード」や、日産

「シルビア」、トヨタ「セリカ」が若者たちに人気となりました。また、80年代にはアウトドアにクルマで遊びにいくというRVブームが生まれます。クロスカントリー車（いままで言うSUV）や、ステーションワゴンの人気が急上昇します。人気となったのが三菱「パジェロ」やトヨタ「ハイラックス」、日産「テラノ」でした。

この流れの延長で、1990年代になるとトヨタ「RAV4」や「ハリアー」、ホンダ「CR-V」がデビューします。クロカンではなく、街乗りメインの正真正銘のSUVの誕生です。

同じ1990年代には、トヨタの「エスティマ」、日産「セレナ」、ホンダの「ステップワゴン」がデビューします。商用車ベースではない、乗用を主眼として生まれた、いまのミニバンの開拓者となります。

ただし、これらSUVやミニバンの先駆者は、大ヒットしたわけではありません。あくまでも、昭和から平成初期の不動のベストセラーはトヨタの「カローラ」です。「カローラ」は、1969年から2001年まで、33年間連続の国内販売台数1位の座を守り続けていた絶対王者だったのです。ただし、「カローラ」の1位には、特別な理由があります。それは派生モデルがたくさんあったということ。「カローラ」は、セダン、クーペ、ハッチバック、商用バン、ステーションワゴンと5つもの車型を持っていました。言い方を変えると当時は、「カローラ」にある5つの車型が売れ筋だったのです。

しかし、２００2年に「カローラ」が1位の座を追われた後、日本の市場は大きく変化します。

２０００年代にはトヨタから「ノア／ヴォクシー」「アルファード」が独立モデルとして誕生。コンパクトなミニバンとしてトヨタ「シエンタ」、ホンダ「フリード」も誕生します。

そして２０１０年代になると、コンパクトからミドル、ラージまで、幅広い車種を揃えたミニバンの人気がジワジワと高まります。軽自動車では２０１１年に「Ｎ－ＢＯＸ」がデビュー。「Ｎ－ＢＯＸ」はデビュー3年目に軽自動車販売ナンバー1となり、翌２０１４年こそ2位となりましたが、その後、２０２４年まで常に1位という不動の人気を獲得。軽自動車に両側スライドドアの2列ミニバンという潮流を決定づけたのです。

そうしたミニバンの増加は、２０２０年代になっても継続します。さらにトヨタは２０００万円となる超高級ミニバン「ＬＭ」を２０２３年にリリース。また、黒塗りの「アルファード」はハイヤーに使われるようになります。つまり、ラージクラスのミニバンはＶＩＰを乗せる高級車という新しい役割を得ていたのです。

その結果、いまではミニバンは、子育て世代だけでなく、ファミリーや高級車など、幅広い使われ方をするようになったわけです。

ALL ABOUT THE AUTOMOBILE BUSINESS

2

意外とコンサバな欧米のマーケット

日本は1960年代に庶民にクルマが普及するモータリゼーションが訪れました。それから現在まで約60年の月日が流れています。しかし、欧米の自動車の歴史は、日本よりも、はるかに長いものです。歴史に名高い、フォードの「モデルT（いわゆるT型フォード）」が、アメリカで大ヒットしたのは100年も前のこと。欧州では、メルセデス・ベンツやプジョー、ルノー、フィアットなどが、それよりも前からクルマを生産していました。

欧米は、日本に倍する自動車の歴史を持っているのです。

また、日本は昔から、ひとつのものが大きく流行りやすい国と言えるでしょう。クルマに関しても、新しいモノが大ヒットしやすく、さまざまなブームが生まれています。

それに対して、欧米は、かなり保守的で、同じようなクルマが、長いあいだ売れ続けています。たとえば、アメリカで言えば、最も数多く売れるクルマは、過去数十年にわたって変化はありません。それは、フルサイズピックアップと呼ばれるクルマであり、フォードのFシリーズとなります。なんと、Fシリーズは、40年以上にわたって、アメリカのベストセラーカーの座を守り続けているのです。

また、SUVの人気も高く、3列シートのSUVは子育て世代やファミリー層御用達のモデルとなっています。そのためアメリカ市場において、SUVとピックアップトラックなどを含んだ小型トラックのシェアは非常に高く、全体の8割近くを占めています。ある意味、ここまでトラック系のシェアの高い先進国は他にありません。

ちなみにアメリカにおける日本メーカーのシェアも、非常に高いものとなっています。2023年の実績で言えば、シェアナンバー1こそGM（16・5％）となりますが、それに続く2位がトヨタ（14・4％）で、3位フォード（12・7％）、4位ステランティス（9・8％）、5位ホンダ（8・4％）、6位日産（5・8％）となります。GM、フォード、クライスラー（現・ステランティス）という元ビッグ3に、トヨタが割って入り、それにホンダと日産が続いているのです。

欧州も長いクルマの歴史を持っています。そのため日本ともアメリカとも異なった特徴があります。まず、欧州各地にある都市は、どこも古く街並みの多くは石造りです。木をメインに家を作り、スクラップ＆ビルドを繰り返す日本と異なり、100年も200年も前の建物や建造物が、欧州の都市には残っているのです。

そのため、長い歴史を誇る街ほど、道は狭く、クネクネとうねるように走ります。荒野にまっすぐな道をひいて街を作ったアメリカとは、まったく作りが違います。

そんな街の多い欧州では、昔から小さなクルマが売れています。もちろんセダンも販売されていましたが、ベストセラーになるのは小さなハッチバックです。

ドイツにはメルセデス・ベンツやBMW、イギリスにはロールスロイスといった伝統を誇る高級ブランドがありますが、数を売るのはフォルクスワーゲン、ルノー、プジョー、シトロエン、フィアットといったドイツやフランス、イタリアの大衆車メーカーでした。そうした大衆ブランドの小さなハッチバック車がベストセラーを競っていたのです。

そうした大衆車メーカーでは、小さいハッチバック、もう少し大きなハッチバック、そしてミドルクラスのセダンとステーションワゴンというのが典型的なラインナップとなっていたのです。

そうした状況が欧州では長く続きます。1990年代に日本で街乗りSUVや乗用車ベースのミニバンが生まれていましたが、欧州では、そうしたモデルは作られませんでした。

それでも2000年代に入ってから、世界的なSUVブームが発生します。それに対応するかのように、フォルクスワーゲンは２００2年に初のＳＵＶとなる「トゥアレグ」をリリース。プジョー初のＳＵＶとなる「３００８」の発売は、２００9年のことでした。日本のメーカーと比べると、ＳＵＶの導入は10年以上も遅れていたのです。

ただし、欧州においてもＳＵＶの人気はゆっくりと、しかし確実に高まっています。小さなハッチバックをベースにした、コンパクトＳＵＶも数多く生まれています。

現在では、そうしたコンパクトＳＵＶが販売ランキングの上位を占めるようになっています。フォルクスワーゲンであれば「Ｔ－ＲＯＣ」ですし、プジョーなら「２００８」、ルノーなら「キャプチャー」が売れ筋となります。

しかし、一方でミニバンは、欧州では、いまだにヒット車となっていません。あくまでも商用バンという立場から脱していません。

日本のように、さっと流行が移り変わるのではなく、ゆっくりと変化してゆくのがアメリカや欧州というわけです。

ALL ABOUT THE AUTOMOBILE BUSINESS

3 お国の事情によって異なる人気モデル

かつて世界最大の自動車市場と呼ばれていたのがアメリカです。しかし、近年は中国市場が拡大したことで、アメリカは世界2位となっています。2023年の実績で言えば、アメリカの国内の年間販売台数は約1600万台で、中国の販売台数は、その倍に近い約3000万台にも達しています。ちなみに日本市場は約480万台しかありません。

しかし、中国以外にも、日本のまわりには、高いポテンシャルを備える市場がいくつも存在しています。それがアセアンであり、インドです。アセアンは、タイを中心にインドネシアやマレーシア、ベトナムを含み、このエリアだけで、6億人を抱えます。いまは、まだエリア全体で320万台弱の販売数しかありませんが、現在の調子で経済発展を続ければ、いつかは日本を凌駕することは間違いありません。

また、インドは、人口10億人を超え、すでに日本を超える年間500万台の販売を記録しています。

つまり、アセアンとインドという、まだまだ伸びしろの大きな市場が日本のまわりには存在しているのです。

そんなアセアンとインドは、同じ新興国ではありますが、売れるクルマがまったく異なります。アセアンの中のタイやインドネシアといった国でも、人気モデルは違います。お国柄が異なれば、売れるクルマも変わってくるのです。

たとえば、数多くの自動車メーカーが生産拠点をおき、アジアのデトロイトと呼ばれるタイでは、ピックアップトラックが最も数多く売れています。トヨタやいすゞ、三菱自動車のピックアップトラックがベストセラーの座を争っています。それに続くのが、小型のセダン、そしてコンパクトSUVです。

ところが、すぐ隣にあるマレーシアは、普通の乗用車が販売の半分を占めており、逆にピックアップトラックは1割にも届きません。まったく売れるクルマが違います。

さらに2億人を抱えるインドネシアの売れ筋も独特です。こちらの国では、3列シートのミニバンがベストセラーです。ただし、スライドドアではなく、普通の4枚ドアというのが特徴。日本にはない、トヨタ「キジャン・イノーバ」や、ダイハツ「シグラ」、三菱「エクスパンダー」、スズキ「エルティガ」が人気を集めています。

ちなみに取材を通じて感じた個人的な見解ですが、アセアンで「可愛い」を好む女性は、意外と少数派のようです。タイの女性は「可愛い」ものを好みますが、他の国では女性であっても「格好よい/セクシー」の人気が高いように思えます。女性向けに「可愛い」をデザインしたクルマやバイクを作っても、タイ以外では人気が出ないという話を耳にしたことがあります。

最後にインドですが、ここも、どこの国とも異なる文化があり、売れるクルマも異なります。この地で人気を集めるのは、小さなクルマです。具体的に名前を挙げれば、スズキの「ワゴンR」や「スイフト」がベストセラーカーとなっています。スズキはインドの地で、シェア約4割を獲得するナンバー1ブランドであり、その人気モデルがベストセラーカーとなっているのです。

スズキに続くシェア2位はヒュンダイであり、3位がタタ、4位がマヒンドラ&マヒンドラ、5位がトヨタで、6位が起亜、7位がホンダとなります。インドの地元のブランドは3位と4位だけで、他は日本と韓国のメーカーが名前を連ねているのです。

こうして、タイ、マレーシア、インドネシア、インドと比べてみれば、どこも見事に売れるクルマは異なっています。ただし、共通することもあります。それが、どこの国も日本車のシェアが非常に高いということです。これは、日本の自動車メーカーが、現地のニーズにあわせて、クルマを細かく作り分けていることが勝因と言えるでしょう。

また、ライバルである韓国車や中国車に対して、日本車は品質の高さで勝負しています。これも日本車の強みです。なぜなら、アセアンやインドでも、「安かろう、悪かろう」というクルマは売れないからです。売れるのは「安くて良いクルマ」なのです。

例となるのが、２００８年にタタが発売した10万ルピー（30万円弱）の激安カー「タタ」です。あまりの安さに話題となりましたが、結果的には、スズキの牙城を崩すことはできませんでした。また、２０００年代終盤に、日産がエントリーブランドとしてダットサンを立ち上げて、いくつかの格安コンパクトカーを市場投入しましたが、やはり失敗しました。

日本と同じように、アジアでも、安ければいいのではなく、コスパがよくないとダメなのです。そういう意味で、インドの地で地元ブランドをおしのけて、コンパクトカーを売るスズキは、すばらしくコスパのよいクルマを作っていると言えます。

アセアンとインドという、これから成長してゆく国と地域で日本車の人気が高ければ、日本の自動車産業もまだまだ安泰ということです。

ALL ABOUT THE AUTOMOBILE BUSINESS

4 最も電気自動車（ＢＥＶ）が売れる中国

中国は２０２３年に年間販売３０００万台を超えた世界最大の自動車市場です。アメリカの年間販売約１６００万台、日本の約４８０万台の数倍にもなる数字です。そんな大きな市場ですから、当然のように、日欧米のほとんどの自動車メーカーが中国に進出しました。ドイツ、フランス、アメリカ、日本、さらに韓国ブランドが、ずらりと顔を揃えているのです。

さらに中国には、民族系と呼ばれる地元中国の自動車メーカーが、大きなものから小さなものまで、非常に数多く存在します。筆者が初めて中国のモーターショーへ取材に行った２０１０年は、数十を超えるブランド出展数の多さに驚きました。

ところが、参戦ブランドが多いほど、競争は激しくなるもの。そのため、どんどんと弱小ブランドが消えてゆきます。ほんの４～５年で、２０１０年にあった弱小メーカーは、半分ほどに減ってしまいました。もちろん、外資ブランドでも甘くはありません。日系で言えばスズキと三菱自動車が中国市場をあきらめ、すでに撤退しています。

そんな中国市場は、やはり独特の個性があります。最初に取材に行った15年ほど前に聞いて驚いたのが「中国人はＣＭよりも口コミを重視するため、最新モデルよりもユーザーの多い旧型の方が数多く売れる」ということです。そのためにとある日系メーカーは新型車と旧型車を併売していたのです。

また、中国で数多くクルマが売れるようになったのは２０００年代に入ってのこと。まだまだ、「生まれて初めてクルマを買う」という人ばかりです。しかも、クルマは高額ですから慎重になっていたのでしょう。「最初の１台」ということで、クルマの基本形であるセダンが一番の売れ筋でした。

他にも面白かったのが「後席に乗せる友人に〝よいクルマだな〟と言われたいため、後席は広い方がよい」ということです。そのためドイツ車などは、わざわざボディを伸ばした中国仕様を用意するほどでした。さらに、中国語で「２５０」はスラング的に「バカ」という意味になるため、クルマの名称にはなるべく使わないということも聞きました。

ただし、現在では新型車が売れるようになり併売もなくなっているようです。また、世界のトレンドと同じように、中国でもＳＵＶ人気が高まり、２０２０年頃からはＳＵＶの販売がセダンを上回っています。最近は、トヨタが中国向けにミニバンを販売していますから、もしかすると今後は日本のようにミニバンの人気が高まるかもしれません。

そんな中国の市場で、いま、最も注目されているのが新エネルギー車（NEV）です。これは電気自動車（BEV）とプラグインハイブリッド（PHEV）、燃料電池車（FCEV）を指します。中国では、こうした新エネルギー車（NEV）の普及を、国を挙げて推し進めているのです。

その理由は、石油確保という安全保障対策、環境対策、自動車強国実現があります。中国は、日欧米など諸外国の自動車メーカーに負けない、強い自動車産業国を目指しているのです。そのためには、遅れをとっているエンジン（内燃機）ではなく、電気自動車（BEV）といった新しいジャンルで勝負しようと考えたのです。

中国は共産党の独裁政権ですから、目標が定まれば、国を挙げて、強力に計画を進めます。2010年頃から、新エネルギー車（NEV）普及のために、数多くの施策が導入されています。ひとつはエンジン車の抑制です。大都市での登録を難しくして、しかもナンバーの奇数偶数によって走れる日を決めました。ナンバーの登録は、廃車になった分だけしか新規発行しません。走行規制は、たとえれば月曜に街を走れるのは偶数ナンバーのクルマだけで、火曜は奇数だけといった具合です。

また、新エネルギー車（ＮＥＶ）に対して優遇税制を用意しました。取得税や自動車税を減免します。補助金も２０２３年まで出しました。充電インフラの整備を、地方自治体に義務付けて、新築の住宅には必ず、一定数の充電器を用意させたのです。

そうした国を挙げての施策の結果、２０２３年は新車販売の約３割が新エネルギー車（ＮＥＶ）となっています。優遇税制があり、充電インフラも整っています。さらに、民族系メーカーが、数多くの電気自動車（ＢＥＶ）とプラグインハイブリッド車（ＰＨＥＶ）を販売しています。しかも、価格は日本や欧米ブランドよりも民族系の方が安いのです。そのためユーザー目線でも、新エネルギー車（ＮＥＶ）を選ぶメリットがあります。

そんなことで新エネルギー車（ＮＥＶ）の販売は、２０２０年代に入ってから大きく伸びています。中国の新車販売における新エネルギー車（ＮＥＶ）の割合は、２０１９年の時点で４・７％に過ぎませんでした。ところが２０２１年に13・４％、２０２２年に25・６％、２０２３年に31・６％と拡大しています。これは、熾烈な競争を勝ち抜いてきた民族系メーカーの地力が高まったことも理由でしょう。

10年ほども前の中国車は、「日本のパクリ」と呼ばれていました。ところが、ＢＹＤなどの最新モデルに乗れば、そんな陰口は過去のものだと思わせる、高い完成度とオリジナリティを見てとることができます。

ALL ABOUT THE AUTOMOBILE BUSINESS

5 アウトバーン（速度無制限）が育てたドイツ車

ドイツをクルマで走っていると、あまりの日本との違いに驚くことがあります。それは、のんびり走るクルマが少ないことです。日本の場合、高速道路や幹線道路でも、必ずと言っていいほど制限速度以下でのんびりと走るクルマに出会います。ところが欧州、特にドイツでは、ほぼそういうことはありません。ほとんどのクルマが制限速度の上限で走り続けるのです。実際、レンタカーでドイツの高速道路を走っていて、制限速度が高くなっても気づかずに遅い速度のままでいると、容赦なくクラクションで注意されます。ゆっくり走れば走るほど、「安全だからよい」という日本の常識とは異なっています。

ドイツでは、制限速度が変わったら、その上限にきっちり合わせて走っているのです。ですから、制限速度が高くなれば、皆一斉に加速を始めます。パワーのないクルマであれば、アクセル全開にしないとついていけないほどです。逆に、制限速度が低くなったら、ブレーキを踏んでまで速度を一斉に落とします。まさにメリハリの効いた走りです。

　また、ドイツには速度無制限のアウトバーンが存在します。ただし、リアルな話をすると、アウトバーンとはいえ、すべての区間が速度無制限ではなく、上限時速１３０㎞、時速１００㎞と、細かく規制されています。また、無制限であっても、ほとんどの場合、走行車線は時速１５０㎞ほどで流れています。そこで誰もがきっちりと守っているルールが、一番内側（ドイツは右側通行なので、左側車線）の車線を開けるということです。普通に走るときは、左から2番目の車線を使います。遅い前のクルマに追いついたら、一番内側の車線に移って追い抜きますが、その後は2番目の車線にすぐに戻ります。大急ぎのときは、一番の内側を走りますが、後ろから速いクルマが来たら、すぐに道を譲ります。一番内側の車線は追い抜きのためのものであり、通常走行は2番目の車線を使うというルールをきっちりと守っているのです。

　この追い越しのルールは、日本にもある交通ルールです。ところが日本では、ほとんど守られていません。ところがドイツのアウトバーンでは、きっちりと守られているのです。これは、「ルールは守るもの」というドイツ人の気質もあるでしょう。しかし、そこにはアウトバーンだからこその理由もあります。

　それは、とんでもなく速いクルマがいるからです。欧州には、時速２００㎞や３００㎞

を出せるハイパフォーマンスカーが販売されています。ポルシェもそうですし、メルセデス・ベンツのＡＭＧや、ＢＭＷのＭなど、パワフルなクルマが数多く存在します。

そのため、のんびりと追い越し車線を走っていると、後ろから飛ばしてきたハイパフォーマンスカーが減速しきれずにぶつかってしまうのです。実際に、追い越し車線を、とんでもない速度で疾走してゆくハイパフォーマンスカーを見れば、その進路をふさごうと思う人はいないはずです。ちなみに、一番の外側の車線は、トラックなど速度の出ないクルマがゆっくりと走っています。のんびりしたい人は、そちらを行けばいいのです。

そうやって道路の住み分けができることで、ハイパフォーマンスカーは、その性能を十全に使うことができますし、のんびりと走りたい人も自分のペースで走ることができます。また、能力を使い切れる環境があることで、ドイツ車は高速で走るための性能を磨くことができます。そして、その高速走行のよさこそが、ドイツ車の魅力となります。

「道がクルマを育てる」とは昔から、よく耳にする言葉です。飛ばす道があれば、飛ばせるクルマに育ちます。デコボコの荒れた道であれば、そんな道でも乗り心地のよいクルマができあがります。灼熱の中、大渋滞する道であれば、タフなクルマが育ちます。

ドイツ車にハイパフォーマンスカーが多く、しかも高速走行を得意とするのは、アウトバーンという道があったからだというのは間違いありません。

ALL ABOUT THE AUTOMOBILE BUSINESS

6　日本では販売していない日本車

かつて、日本メーカーの多くは、世界戦略車やグローバルカーという呼び名で、日本と世界の両方で売れるクルマを熱心に作っていました。いまでも、トヨタの「カローラ」やホンダの「フィット」などは、世界中で同じモデルが発売されています。

しかし、その一方で、世界各地の市場は、それぞれに異なる文化と風土があり、クルマのニーズは市場ごとにまったく違っていたりします。そのため、最近では、どの自動車メーカーも、現地のニーズに合わせた専用モデルを数多く開発するようになりました。特に日本の自動車メーカーは熱心に、日本にはない、現地向けのモデルを作っています。

たとえばアメリカでは、日本にない大型SUVやピックアップトラック、中国では電気自動車（BEV）、アセアンでは小型車やミニバンが、現地専用モデルとして作られています。名前を挙げれば、アメリカ向けのトヨタ「タンドラ」「タコマ」「4ランナー」「ハイランダー」、ホンダの「リッジライン」「パスポート」、日産の「アルマダ」「フロンティア」「パスファインダー」などがあります。また、ホンダの「アキュラ」や、日産の「インフィニティ」といったサブブランドのモデルも、日本に馴染はありません。

現在の日本の自動車メーカーは、その販売の半数以上を海外に頼っていますから、その分だけ日本にはない海外モデルが多くなることになるのです。

そんな中でも、特に注目すべき存在があります。それがトヨタのＩＭＶ（Innovative International Multi-purpose Vehicle：イノベーティブ・インターナショナル・マルチパーパス・ビークル）と呼ばれるモデルたちです。

これは２００４年から市場導入されたシリーズで、ピックアップトラック「ハイラックス」を基本に、ミニバン「イノーバ」（キジャンと呼ばれる地域も）、ＳＵＶタイプ「フォーチュナー」を兄弟車として揃えるというものです。画期的であったのは、日本以外の海外で生産し、世界１４０か国で販売したというところです。従来のように「日本で生産して、海外に輸出する」や、「ニーズのある現地で生産して、現地で販売する」ではありません。「海外で作って、海外で売る」というスタイルを取ったのです。生産は、おもにアセアンでおこなわれました。そして、このＩＭＶシリーズが大ヒットしたのです。

もともとアセアンでは、ピックアップトラック「ハイラックス」がヒットしていましたし、インドネシアではピックアップベースのミニバンが人気モデルとなっていました。これらを、ひとつのシリーズとして、まとめて開発することで、コストと販売価格を抑えることに成功したのです。そして、２００４年からスタートして、２０１２年にＩＭＶ販売は累計５００万台を突破しています。また、生産国のひとつであるタイでは、約20年をかけて、４００万台以上を海外に輸出するようになっています。

アセアンに行くと非常に多くのＩＭＶを見かけることになります。ピックアップトラックの「ハイラックス」は、仕事だけでなく、家族のための乗用車的にも使われています。ＳＵＶタイプの「フォーチュナー」は、ほぼ高級車のような扱いとなっています。インドネシアの地でミニバンの「キジャン・イノーバ」は、現地のベストセラーを競う存在となっています。

ちなみに、いまのトヨタの副社長である中嶋裕樹氏は、ＩＭＶシリーズの8代目「ハイラックス」のチーフエンジニアを務めていました。トヨタは初代「プリウス」のチーフエンジニアの内山田竹志氏が、その後、トヨタ副社長を経て、会長にまで上り詰めたように、実績を上げた人が昇格するという会社でもあります。中嶋氏が、副社長になったのも、ＩＭＶという重要なクルマを担当していたからと考えて間違いないでしょう。

ALL ABOUT THE AUTOMOBILE BUSINESS COLUMN

歴史を変えた名車　ポルシェ「911」

スポーツカーの代名詞となるのがポルシェの「911」です。1963年にプロトタイプが発表され、翌1964年に初代モデルが発売となりました。それから現在まで、およそ60年にわたって世界中のスポーツカー・ファンを唸らせてきた名車です。

「911」の特徴は、エンジンを後輪の車軸よりも後ろに搭載するRRと呼ばれるレイアウトを採用しているところと、4人乗りであることです。このレイアウトは、ポルシェの創業者であるポルシェ博士が生み出した、フォルクスワーゲンの「ビートル」と同じものです。

ただし、ポルシェ博士がポルシェ社で開発した、最初のスポーツカー「356」のプロトタイプは、今の「ボクスター」と同じ、エンジンを後輪のわずか前、クルマの真ん中に乗せるミドシップの2人乗りというレイアウトを採用しました。ただし、量産モデルではRRに改められ、4人乗りも用意されました。その「356」は人気モデルとなり、創業初期のポルシェ社を支えるという大きな役割を果たします。

その「３５６」の後継として生まれたのが4人乗りの「９１１」だったのです。

正直、ＲＲレイアウトはクセがあります。まっすぐな加速とブレーキをかけるときは、後輪の後ろにあるエンジンが、よい重りとなって、効果的な加速と減速を実現します。

しかし、直進安定性やコーナーリング性能に関しては、車体の一番後ろにあるエンジンが悪さを働きます。バランスのとれたスポーツカーを作りたいなら、エンジンを車体の真ん中に置くミドシップのレイアウトがベスト。また、扱いやすさを考えるなら、エンジンを前に置いたFRレイアウトがおすすめです。

つまり、「９１１」はレイアウトの不利というマイナスのスタート地点からクルマが作られているのに、完成してみれば、素晴らしいスポーツカーに仕上がっているのです。ポルシェ社の高い技術あってのものです。

さらに、ポルシェ社は、高性能だと認められた「９１１」を、弛まなく磨き続けました。そのため「いつだって、最新のポルシェは、最良のポルシェ」と言われるようになったのです。

また、ポルシェ社は、「９１１」を筆頭に、レース専用マシンも製造して、積極的にレースに参戦します。そうしたレースで数多くの勝利を重ねることで、ポルシェ社と「911」の名声はさらに高いものとなっていったのです。

改良を続けた高性能さと、レースで活躍した名声。この2つを両輪に「911」は、長い時間をかけて、今の地位を得たと言えるでしょう。

第8章

耐久レースに学ぶ モータースポーツの世界

Chapter 8 :
The world of motorsport

ALL ABOUT THE AUTOMOBILE BUSINESS

1

時速100kmを初めて超えたのは電気自動車(BEV)

クルマによる競争、いわゆるレースやモータースポーツと呼ばれるものは、非常に古くからおこなわれています。クルマが2台あれば、「どちらが速いのか？」と試したくなるものでしょう。そんなモータースポーツ・イベントの最初といわれるのが1894年7月にフランスで開催された「パリ・ルーアン・トライアル」です。

コースはパリから、その北西にあるルーアンまでの126kmの街道です。イベント名にトライアルとあるのは、絶対的な速さではなく、「旅行者にとって安全で操縦しやすく、かつ走行経費の少ないクルマ」を重視するからです。そんな世界初のモータースポーツ・イベントには、約20台のクルマ(当時は、「馬なし馬車」と呼ばれていました)が参戦しましたが、優勝を争ったのはガソリン・エンジン車と蒸気機関を積んだ蒸気車でした。最初にゴールしたのは、ド・ディオン伯爵の駆る蒸気車「ド・ディオン・ブートン」。

それに続いたのが、エンジン車のプジョーとパナール（後にプジョー・シトロエンに併合される）です。ところが、主催者は「蒸気車は、ドライバー以外に釜焚き要員が必要で、簡便ではない」と、優勝はエンジン車のプジョーとパナールの2台になりました。しかし、実際のところ、世界初のモータースポーツ・イベントで速さを見せつけたのは蒸気車だったのです。特に蒸気車は、坂道では圧倒的に速かったそうです。

これも時代背景を考えてみれば、当然のことでしょう。まず、エンジン車であるベンツの「モトールヴァーゲン」が発明されたのは１８８６年のこと。「パリ・ルーアン・トライアル」の開催は、エンジン車の発明から8年しか経っていません。一方、蒸気機関は、１８００年初頭には蒸気船や蒸気機関車、そして蒸気車として実用化されています。つまり、ガソリン・エンジン車よりも１００年近くも長い歴史を誇っていたのです。

同じように電気自動車（ＢＥＶ）もエンジン車より先に技術が確立していました。１８００年代前半に数多くの試作がおこなわれ、１８８１年のパリの電気博覧会には、フランスのトルーベ氏がモーターと二次電池を搭載する電気自動車（ＢＥＶ）を出品していました。１８９８年の第一回パリモーターショーには29台の電気自動車（ＢＥＶ）が出品され、2年後の１９００年のパリ万博には63台の電気自動車（ＢＥＶ）が並びました。

また、１８９９年には電気自動車「ジャメコンタント号」が、自動車として初めて、時速100kmの壁を超える速度記録を打ち立てます。「ジャメコンタント号」は、60馬力のモーターを前後に2基搭載した120馬力仕様です。それに対して同時代のエンジン車は、3～20馬力程度しかありません。1901年に開発されたダイムラーの最初のメルセデスは35馬力のエンジンを搭載し、〝驚異的な高性能〟といわれていたのです。エンジン車に対して、当時の「ジャメコンタント号」が格別な性能を持っていたのかがわかります。また、エンジン車は騒音と振動がひどく、クランクシャフトを手動で回すなど、始動性にも難がありました。それに対して、電気自動車（BEV）はクリーンで静か、そして始動も非常に簡単です。そのため1900年前後は、エンジン車よりも電気自動車の方が好まれたのも不思議なことではありません。

ところが、エンジン車は最初こそ遅かったものの、成長のスピードは格別でした。たとえば「パリ・ルーアン・トライアル」で活躍したパナールは、1895年に4馬力だったエンジンを、1899年には16馬力、1901年には40馬力、1902年には70馬力、1903年には90馬力にまで出力を高めています。もちろん、他のエンジン車のライバルたちも同様のパワーを高めていました。このエンジン車の急成長により、あっという間に蒸気車と電気自動車（BEV）は、競争力を落として消えてしまったのです。

ALL ABOUT THE AUTOMOBILE BUSINESS

2

バブル経済とF1、WRC、パリダカ

昭和の終わり頃から平成の頭まで、日本は好景気に沸きました。いわゆる「バブル経済」です。景気がよいわけですから、クルマだってじゃんじゃん売れます。1980年に日本の年間新車販売数は約500万台でしたが、わずか10年後のバブル経済期に向けて販売数はうなぎのぼりに増加し、1990年には約778万台を記録します。ちなみに2023年は約478万台であり、バブル期の記録は、いまも破れぬ過去最高値となります。

そんな好景気ですから、自動車メーカーは熱心にモータースポーツに参戦していました。第二期となるホンダF1の大活躍もありましたが、それ以外にも、ほぼすべての自動車メーカーが、何らかのモータースポーツに参戦しており、その結果に、誰もが一喜一憂していたのです。

たとえば、トヨタはラリーに力を入れていました。「セリカ」は、伝統のサファリラリーで1984年に初優勝すると、1986年まで3連覇を成し遂げます。そして、バブル期となった1990年には「セリカGT-FOUR」にてWRCでドライバーズ・チャンピオンを獲得。ドライバーズとはいえ、初の日本メーカーの栄誉でした。そして1993年にはついに日本初のメーカー・チャンピオンを獲得します。

また、世界三大レースと呼ばれる、ル・マン24時間レースにも、1985年より参戦を開始し、1992年には総合2位、日本人ドライバー初の表彰台も実現させたのです。

そのル・マン24時間レースには、マツダも古くから参戦していました。1970年のプライベートチームへのエンジン提供から始まり、1980年代を通して毎年のように挑戦を続けていたのです。

レースカーに搭載されるのは、当時のマツダの代名詞となるロータリー・エンジンです。もちろんル・マン24時間レースにロータリー・エンジンを使っているのはマツダだけ。そんな孤独な戦いの中、マツダは1991年に総合優勝を果たします。10年以上の苦闘の末、日本車として初の優勝という偉業を成し遂げたのです。

三菱自動車は、パリ・ダカール・ラリー（現在のダカール・ラリー）で大活躍しました。パリ・ダカール・ラリーは、パリを出発し、アフリカ・セネガルのダカールをゴールとする長距離イベントで、「世界一過酷なモータースポーツ」と呼ばれることもあります。そんなイベントに、三菱自動車は１９８３年から「パジェロ」で参戦。市販車クラスで優勝を重ね、１９８５年に初の総合優勝を達成。その後も上位の常連となり、１９９２年と１９９３年の2年連続優勝を飾っています。

また、三菱自動車はＷＲＣにも積極的で、１９８８年から１９９２年にかけては「ギャランＶＲ－４」で参戦し、翌１９９３年からは「ランサー・エボリューション」を投入しました。いわゆる「ランエボ」の誕生です。

そんな三菱自動車のライバルとなるスバルは、１９９０年に「レガシィ」を携えてＷＲＣ本格参戦を開始します。１９９３年に初優勝すると、翌１９９４年には「インプレッサＷＲＣ」でも初優勝。ここに「ランエボ」と「インプ」のハイパワー４ＷＤのライバル関係がスタートしたのです。

最後に日産です。バブル期の日産で大いに注目されたのが１９８９年に発売された「スカイラインＧＴ－Ｒ（Ｒ32型）」です。このクルマは、高性能というだけでなく、「レースで勝つ」ことを目的に生まれました。ターゲットは、日本国内のグループＡというカテゴリーです。そのレースに合わせて、2・6リッターという通常あまりない排気量を採用するほどでした。そうした万全の体制で生まれたわけですから、「スカイラインＧＴ－Ｒ

（R32型）」の速さ、強さは別格でした。なんとデビュー後4年の全29戦で29勝という圧倒的な強さを見せつけたのです。

こうした日本車の主な活躍を時系列にまとめると以下のようになります。

- **1984年「セリカ」サファリラリー優勝（以後1986年まで3連覇）**
- **1985年「パジェロ」パリ・ダカール・ラリー総合優勝**
- **1989年「スカイラインGT－R（R32）」デビュー（グループAで以後4年全勝）**
- **1990年「セリカGT－FOUR」WRCドライバーズ・チャンピオン**
- **1991年「マツダ」ル・マン24時間レース総合優勝**
- **1992年「トヨタ」ル・マン24時間レース総合2位**
- **1993年「セリカGT－FOUR」WRCドライバーズ・メーカーWチャンピオン**

ほとんど毎年のように、何かしらかの大きな勝利が得られていたのです。また、この裏では、第二期となるホンダF1の大活躍もあります。やはり景気がよいと自動車メーカーも勢いがあり、その結果、モータースポーツも盛り上がるということでしょう。

ALL ABOUT THE AUTOMOBILE BUSINESS

3

サッカーW杯並みの熱狂！あの頃のマクラーレン・ホンダ

いまからバブル期を振り返れば、それは日本が自信をつける時代だったと言えるでしょう。太平洋戦争からの復興、高度経済成長を経て、１９８０年代後半になって日本はバブル経済と呼ばれる好景気を迎えます。アメリカに次ぐ、世界2位の経済大国に成長したことで、「ジャパン・アズ・ナンバー1」や「ＮＯと言える日本人」などの勇ましい言葉が大いに流行しました。

そんな日本の自信をモータースポーツ面からも押し上げたのが第二期のホンダのＦ１活動です。ホンダは１９６４年から１９６８年にかけてＦ１に参戦し、5年の活動で2勝を得ています。オートバイから自動車メーカーに成長したばかりという当時のホンダが、世界最高峰のＦ１で勝つことは、まさに快挙。しかし、その勝利はわずか2勝でした。

ところが１９８３年から１９９２年の第二期となるホンダのＦ１の挑戦は、驚くほどの成功を収めます。参戦2年目の1984年に、さっそく初勝利を得ると、翌1985年には4勝を獲得。1986年には、ナイジェル・マンセルとネルソン・ピケを擁するウイリアムズ・ホンダで9勝を挙げ、念願のコンストラクターズ・チャンピオンを獲得します。クルマの作り手としてのチャンピオンです。当時のライバルには、フェラーリをはじめ、フォード、BMW、ルノー、アルファロメオなどがいました。そうした欧米の強豪メーカーを相手にホンダが勝ったのですから、当然、日本は大喜び。まさに喝采です。

さらに翌1987年からは中嶋悟が日本人初のフル参戦ドライバーとしてF1で戦うこととなります。このとき、中嶋選手の相棒となったのが若きアイルトン・セナです。セナは、速いだけでなく、やさし気な雰囲気もあいまって、非常に多くの女性ファンも獲得します。アイドル的な存在だったのです。こうしたホンダの活躍とF1の人気の高まりを受け、日本でもF1の全16戦すべてがテレビ放送されるようになります。これもF1人気に拍車をかけました。また、鈴鹿サーキットでは1987年から日本でもF1を開催するようになります。

そんな1987年のホンダは16戦中11勝を挙げます。7月のイギリス・グランプリでは、マンセル、ピケ、セナ、中嶋といったホンダ・ユーザーのドライバーが1位から4位までを独占しました。翌1988年に、ホンダは最強チームであったマクラーレンと組み、ドライバーには、セナとアラン・プロストを起用。なんと16戦15勝を記録し、無双の年とします。その１９８８年の鈴鹿サーキットでは、セナが自身初となるドライバーズ・チャンピオンを決めています。そして、１９８９年にもホンダは10勝を獲得。この年は、セナの相棒であるプロストがチャンピオンとなりました。

１９９０年のホンダは6勝を得て、セナがチャンピオンに。翌１９９１年も8勝でセナが連続チャンピオンとなります。そして、第二期最後の年となる１９９２年は5勝を挙げています。

振り返れば10年にわたる第二期のホンダのＦ１挑戦は、通算69勝、5年連続のドライバーズ&コンストラクターズ・チャンピオン獲得という大成功に終わったのです。

そんなホンダの大活躍は、テレビだけでなく雑誌でも大きく取り上げられました。インターネットのない当時としては、Ｆ１を知ることができるのはテレビと雑誌しかありません。数多くのテレビでの特集番組とＦ１雑誌が作られ、老いも若きも熱中したのです。その熱量は、いまのサッカーＷ杯や、アメリカで活躍する大リーガーの大谷選手への注目と同等であったように思えます。

ALL ABOUT THE AUTOMOBILE BUSINESS

4

ヒトの戦い？ クルマの戦い？

モータースポーツは、2つの戦いの組み合わせです。ひとつがヒト、つまり、ドライバー同士の戦いです。そして、もうひとつがクルマ同士の戦いです。どちらが、いかに優れているのかを競いあいます。

たとえばF1という競技には、2つのチャンピオンが用意されています。それがヒトとの戦いの勝利者に与えるドライバーズ・チャンピオンであり、クルマの戦いの勝利者へのコンストラクターズ・チャンピオンです。同じようにWRCにも、ヒトとクルマの両方にチャンピオンが用意されています。

さらに複数のドライバーを起用する耐久レースも、ヒトとクルマの両方の戦いとなります。そのひとつがル・マン24時間耐久レースを含む、FIA世界耐久選手権（WEC）。また、日本で人気のスーパーGTも同様です。

一方で、ヒトの戦いを主とするレースも存在します。一般的に、F1のように4輪がむき出しになったフォーミュラカーのレースは、F1を除いて、その多くが同一のマシンを使い、ドライバーの競争を主眼としています。

エントリーのカテゴリーにカートがあり、その上にF4やF2、スーパーフォーミュラなどがピラミッド構造のように存在します。それぞれのカテゴリーで勝ち抜いたドライバーが、上のカテゴリーに進むようになっているのです。これは優れたドライバーを探し出す、優れた仕組みと言えます。そうした厳しい競争を勝ち抜いた先に、ようやく到達するのがF1というトップカテゴリーです。

また、量産車をベースにしたツーリングカーのレースでも、同じ車両を使って、ドライバーが競うワンメイクレースというものもあります。日本では、特にプロを目指すわけではなく、レース自体を楽しみたい人向けのイベントが多数派です。

ところがアメリカでは事情が異なります。アメリカで人気となるのは、インディカー・シリーズやナスカー・シリーズなど、ほぼイコールコンディションのレースだったりするのです。マシンの差ではなく、ドライバーや、それを運用するチームの戦いに声援が送られるのです。

どうやら「フェアであること」を大切にするアメリカの文化が、マシンの性能差のある中でのレースを面白くないと感じるのかもしれません。

一方、日本では、昔からフォーミュラよりもツーリングカーのレースが人気を集めていました。ドライバーの戦いもさることながら、異なるクルマ同士の戦いを好んだのです。

日本のモータースポーツ黎明期となる1960年代の日本グランプリでは、量産車の戦いが大きな話題となり、その後は自動車メーカーによるプロトタイプスポーツカーが数多く作られるようになります。初代の「スカイラインGT－R」がサーキットで50勝を挙げ、それにマツダの「サバンナRX－3」が退けたのは1972年のこと。「GT－R」VS「ロータリー・エンジン」という構図で盛り上がっていました。

そして1970年代から80年代にかけては、富士スピードウェイで開催された富士GC（グランチャンピオンレース）シリーズが大人気となります。これはフォーミュラマシンの上に、オリジナルの車体をかぶせたもので、数多くのユニークなマシンが作られ、速さを競いました。

そして1990年以降は、日産のR32型「スカイラインGT－R」が全日本ツーリングカー選手権で大活躍します。この全日本ツーリングカー選手権は、文字通りの量産車をベースにしたレースで、さまざまなクルマが参戦する賑やかなレースということで人気を集めます。

その後、同イベントは全日本GT選手権を経て、いまのスーパーGTに続きました。スーパーGTは、いま、日本のレースとして最も多くの観客動員を誇るカテゴリーです。

一方で日本のフォーミュラの最高峰となるのがスーパーフォーミュラです。ドライバーの格付けで言えばドライバー同士の戦いを勝ち上がってきたスーパーフォーミュラが上になりますが、人気という点ではスーパーGTが一段上です。

また、フォーミュラの世界では電気駆動のフォーミュラEというレースが存在しますが、こちらの人気はいまひとつ。マシン差がほぼなく、ドライバーの戦いという点が人気低迷の理由かもしれません。

どちらにせよ、日本では、人とクルマをあわせたレースが大好きという部分は古くから変わらないようです。

ALL ABOUT THE AUTOMOBILE BUSINESS

5

なぜアメリカのレースはオーバルなのか

世の中にはたくさんのモータースポーツ・イベントが開催されています。そして、それらのイベントには、公式があります。非公式のモータースポーツのイベントは、草レースなどと呼ばれています。

では、何をもって〝公式〟とするのでしょうか？　それは、モータースポーツのルールを定め、ライセンスを発行する統括団体がカギとなります。日本で言えばＪＡＦが、その統括団体となります。つまり、ＪＡＦ公認が公式となり、それ以外が草イベントとなるのです。

そしてＪＡＦの上に、さらなる統括団体が存在します。それがＦＩＡ（Fédération Internationale de l'Automobile：国際自動車連盟）です。正式名がフランス語であるからもわかるように、１９０４年に設立されたフランス自動車クラブをルーツとし、パリに本拠地をおいた団体です。欧州でクルマの普及が始まった１９００年前後に都市間を走るレースが流行します。そうしたレースのルールを定めるためにフランス自動車クラブが、世界中の12のクラブと提携して、国際自動車クラブ連合を設立しました。これがＦＩＡの前身となります。

こうして生まれたＦＩＡの傘下に国ごとにひとつの自動車クラブがモータースポーツの統括団体に指定されています。それが日本ではＪＡＦとなっているのです。言ってみれば、世界のモータースポーツの大元締めはフランスにあるＦＩＡなのです。

また、Ｆ１の正式名称が「ＦＩＡフォーミュラ1世界選手権」であり、ＷＲＣは「ＦＩＡ世界ラリー選手権」であるように、これらは、ＦＩＡが直接に仕切っているモータースポーツ・イベントとなるのです。

ただし、世界のモータースポーツがすべてＦＩＡの直轄というわけではありません。日本のスーパーＧＴやスーパー耐久（いわゆるS耐）は、日本のＪＡＦが統括しています。また、アメリカで人気を集めるインディカー・シリーズやナスカー・シリーズもアメリカの統括団体ＡＣＣＵＳが統括しています。つまり、その国のローカルなレースという位置づけです。そのため、ＦＩＡ主催とは異なる、それぞれの国ごとの特徴が色濃く反映されているのが特徴であり、そのイベントならではの面白さとなります。

アメリカのモータースポーツの特徴は、エンターテインメント性の高さです。人気の高いインディカー・シリーズとナスカー・シリーズは、主にオーバルと呼ばれる楕円形のコースレイアウトのサーキットで実施されます。オーバルのよさは、観客席のどこにいても、コース全体を見渡せ、常に走っているマシンを眺めることが可能です。一方、F1やWRCの場合、観客席から見えるのは、コースのごく一部のみ。あっという間にマシンは目の前を走り去ってゆくため、何もない待ち時間もありますし、イベント全体の状況もいまひとつ、つかみ難いという欠点があります。これを嫌って、アメリカではオーバルのイベントが多くなったのでしょう。

ちなみにモータースポーツは、大きく分けて「レース」と「ラリー」「スピード競技」の3種類に分けることができます。レースは、同じコースを2台以上のクルマで競うもので、F1やスーパーGTなどが該当します。ラリーはおもに公道を使い、一定の区間を走りタイムで競われます。WRCのように速さを競うスペシャルステージを主体とするものもあれば、一定区間を定められたタイムで正確に走ることを求めるアベレージラリーもあります。スピード競技は、定められたコースを1台ずつ走行してタイムを競います。ジムカーナやダートトライアル、ヒルクライムなどが該当します。つまり、モータースポーツと言っても、いろいろと中身が異なり、そして呼び方も違ってくるわけです。

ALL ABOUT THE AUTOMOBILE BUSINESS

6

トヨタが耐久レースに力を入れる理由

トヨタは２０２５年1月開催の東京オートサロンにて、ドイツで開催されるニュルブルクリンク24時間耐久レースに6年ぶりに参戦することを予告しました。トヨタは、前社長である豊田章男氏が中心となって２００7年から何度もニュルブルクリンク24時間耐久レースに参戦してきました。

また、ル・マン24時間レースを含むＦＩＡ世界耐久選手権（ＷＥＣ）にもトヨタは熱心に参戦しています。トヨタのル・マン24時間レースへの挑戦は、１９８5年に始まり、何度も表彰台は獲得しましたが、優勝はなかなか果たすことができませんでした。そして、通算20回目の挑戦となる２０１８年に悲願の初優勝を実現します。この時、ドライバーのひとりには中嶋一貴選手もいて、日本人ドライバーと日本車という組み合わせでの初の総合優勝ともなりました。

そして、それからトヨタは2022年までル・マン24時間レースで5連覇を成し遂げます。2023年から優勝は遠のいていますが、トヨタのやる気は、まだまだ健在。さらなる勝利を目指して、参戦を続けています。

では、なぜ、トヨタが耐久レースに力を入れているのでしょうか？　そこには、いくつもの理由が考えられます。

まず、レースとして耐久レースは長距離&長時間走り続けることが特徴です。2時間ほどでゴールするF1や、短いスプリントを繰り返すWRCとも異なります。マシンに強い負荷をかけ続けるのです。そのためマシンには速さだけでなく耐久性という強さも求められます。もちろんドライバーもつらいし、チームのサポート力も長時間求められます。

そのため、人材育成に最適であり、開発の技術力を高める場にもなります。自動車メーカーにとって多くの学びを得られる場となっているのです。

また、ニュルブルクリンク24時間レースとル・マン24時間レースという2つの耐久レースは、世界に数多ある耐久レースでも特別な存在です。

ニュルブルクリンクは、ドイツ北西部にある約20㎞ものロングコースです。深い森の中を走るコースは、アップダウンが大きく、大小170を超えるコーナーがあります。しかも路面は波打っており、ほこりが多くて滑りやすく、さらにコース幅が狭くて、エスケープゾーンも少ないという特徴があります。少しのミスでクラッシュしやすいため「グリーンヘル（緑の地獄）」と呼ばれることもある、世界屈指の難コースです。

そのためニュルブルクリンクを速く、そして安心して走るためには、クルマに高い完成度が求められます。ですから、逆にクルマの開発にはもってこいで、ここをうまく走れるのならば、どこに行っても大丈夫。そのため、世界中の自動車メーカーがクルマの開発の場としてニュルブルクリンクを活用しています。

トヨタも「スープラ」をはじめ、数多くのクルマをニュルブルクリンクで開発しています。先代「クラウン」もニュルブルクリンクを走り込んだクルマのひとつとなります。

そんな、クルマを鍛える地で、市販車ベースの耐久レースに出ることは、市販車の性能の高さをアピールするよい話題づくりになります。これもトヨタが耐久レースに出る理由と言えるでしょう。

一方、ル・マン24時間レースへのトヨタの参戦は、また異なる理由があります。ル・マン24時間レースは、１００年を超える歴史を誇ります。欧州でクルマが普及した黎明期から続くビッグ・イベントです。その格式は高く、世界三大レースと呼ばれるほどです。

そんなル・マン24時間レースの格式の高さに、世界中の自動車メーカーが過去１００年以上にわたって引き寄せられてきたのです。日本メーカーでは、トヨタだけでなく、マツダや日産も熱心に参加してきました。1991年のマツダの日本車としての初優勝は、いまだにマツダにとって大きな勲章となっています。

また、ル・マン24時間レースは、常に最新の技術が投入される場でもあります。なぜなら、ル・マン24時間レースは世界中の自動車ファンが注目するビッグ・イベントです。

かつては、アウディがディーゼル・エンジンで参戦して大活躍した時代もありました。近年は、トヨタがハイブリッドを使って5連覇しています。ここでの活躍はハイブリッドの優秀さのアピールとなるのです。いま、世界は環境問題に直面しており、次世代のクルマのパワートレインをどうするかで迷っている真っ最中です。エンジンの次は、電気自動車になるのか、それともハイブリッドなのか、あるいはカーボンフリー燃料なのか。そうした議論に、ル・マン24時間レースの勝利は、ひとつのヒントとなるのです。

ロマンや名誉、人材育成や開発、そして、技術のアピールなど、耐久レースに参加することで得られるメリットは非常に数多く存在しているのです。

ALL ABOUT THE AUTOMOBILE BUSINESS COLUMN

歴史を変えた名車「マクラーレン・ホンダ　MP４／４」

１９８３年から１９９２年にわたる第二期ホンダで、特に大活躍したマシンが、１９８８年の「マクラーレン・ホンダMP４／４」です。ホンダは１９８６年に９勝を挙げ、念願のコンストラクターズ・チャンピオンを獲得していました。

しかし、第二期ホンダF１は、さらなる高みを実現します。それがエンジン提供先をマクラーレンに変えた最初の年、１９８８年です。ドライバーは、若き天才、アイルトン・セナと、レース巧者で知られるアラン・プロストというダブル・エース体制で、チームは名門マクラーレン。搭載するのは前年チャンピオンのホンダ・エンジンです。ドリームチームと呼べる陣容です。

そこで生まれたマシンが「マクラーレン・ホンダMP４／４」でした。この年は、ターボ・エンジン最後の年であり、燃料規制も非常に厳しいものとなりました。しかし、ホンダは、低燃費&ハイパワーを実現したエンジンを用意し、マクラーレンは低重心かつエアロダイナミクスに優れた車体を生み出します。厳しい既定の中で最強のマシンを作りだしたのです。

その結果、ドライバー、エンジン、車体のすべてが高いパフォーマンスを発揮し、なんと1988年は全16戦のうち15勝を挙げたのです。第二期ホンダの成功を象徴する年であり、そしてマシンでした。

こうした第二期ホンダのF1の成功は、日本人にとって大きな影響を与えました。それは自信です。

レースの最高峰であるF1で、歴史ある欧米のメーカーを相手に、日本のホンダがトップとなったのです。これは当時の日本人としては快挙そのものでした。なぜなら、日本の自動車産業は欧米よりもスタートが数十年も遅れていたからです。それが、ホンダの勝利によって、「日本車は、外車に負けない」という事実を知ることができました。

この活躍を見ていた同時代の日本人は、ひとつの企業ではなく、われわれ日本人の代表としてホンダを応援していたと思います。

「マクラーレン・ホンダMP4/4」は、日本の自動車メーカーであるホンダが世界トップになったことを示す、まさに時代を変えた名車です。

第9章

ハイブリッドに学ぶ自動車の未来

Chapter 9 :

The future of automobile

ALL ABOUT THE AUTOMOBILE BUSINESS

1

誰も追いつくことのできないプリウスの燃費性能

ハイブリッドという技術は、いまでは珍しいものではなくなりました。どの自動車メーカーであっても、1台くらいはハイブリッドカーをラインナップに用意するほど普及した技術です。

しかし、数あるハイブリッド・システムの中でも、やはりトヨタのものは、いろいろな意味で特別です。トヨタのハイブリッドがなければ、いまのようなハイブリッドカーの普及は難しかったかもしれません。

では、トヨタ式の何が画期的だったのでしょうか？

まず言えるのは、「世界初」であったことです。

トヨタは1997年の初代「プリウス」において、世界初の量産型ハイブリッド車を世に送り出しました。「量産車」であると断りがあるのは、ハイブリッドというアイデア自体は、古くから存在していたからです。

　歴史を振り返れば、ポルシェの創業者であるポルシェ博士によって１９０１年に「ローナーポルシェミクステ」と呼ばれるハイブリッドカーが発表されています。当時の自動車技術はまだまだ未熟で、動力源がエンジン（内燃機関）とは定まっていませんでした。ライバルとして電気自動車（ＢＥＶ）や蒸気機関が存在していたのです。そうした技術開発の中で、ポルシェ博士は電気自動車（ＢＥＶ）を開発し、その発展形として、エンジンとモーターの両方を備えたハイブリッドカーを開発していたのです。

　その後、クルマの動力源としてはエンジンが主役となりましたが、何度もハイブリッドのアイデアが生まれ、試作も繰り返されていたのです。トヨタも１９６０年代からハイブリッドの開発をスタートさせており、ガスタービン・エンジンとモーターを組み合わせたハイブリッドカーも手掛けていました。「プリウス」の発売の直前には、エンジンで発電し、その電力で走行するシリーズハイブリッド式の「コースター　ハイブリッドＥＶ」という小型バスも開発していたのです。

　つまり、ハイブリッドというアイデアは古くからあるものでしたが、それを誰も量産車に仕上げることができませんでした。その大きな一歩を踏み出したのが、トヨタの「プリウス」だったのです。

次に「プリウス」が特別だと言えるのは、その技術の完成度の高さです。1997年誕生の「プリウス」には「THS（トヨタ・ハイブリッド・システム）」が搭載されています。その仕組みは、動力分割機構と呼ぶプラネタリーギヤ（遊星ギヤ）に、エンジン、発電機、駆動用モーターの3つを接続し、「エンジンでの走行」「エンジン／回生ブレーキでの発電」「モーターでの走行」を自在に使い分けるというものでした。これにより「プリウス」は28・0km／ℓ（10・15モード）という優れた燃費性能を実現します。同時代となる1995年に発売された「カローラ」が16・0km／ℓ（10・15モード）でしたから、その燃費性能は圧倒的なものでした。

その「THS（トヨタ・ハイブリッド・システム）」は「THSⅡ」へと進化・改良を続けますが、その基本的な仕組みは変わらずに、2023年発売の最新の5代目「プリウス」にも受け継がれています。その燃費性能は、より厳しい計測方法となったWLTCモードで最高32・6km／ℓを実現します。より軽量な2020年発売の「ヤリス」では、同システムを使って、36・0km／ℓもの、さらにすばらしい燃費性能を記録しています。

そして、重要なポイントは、このトヨタのハイブリッドの燃費性能に、どのライバルも追いつくことはできなかったのです。

「プリウス」のライバルとして、「インサイト」を発表したホンダは、その後も、いろいろなハイブリッドを開発しました。それでも最新の２０２０年発売の「フィット」で、最高値は29・４㎞／ℓ（ＷＬＴＣモード）という燃費性能です。結局、ハイブリッドの燃費性能の戦いには敗北しているのです。

同じように日産の２０２０年発売の「ノート」も28・４㎞／ℓ（ＷＬＴＣモード）で、トヨタに届きません。日系メーカーでさえ敗北しているのですから、欧米のメーカーによるハイブリッドは、まったくトヨタと勝負になりませんでした。

結局のところ、欧州メーカーが、ディーゼル・エンジンを経て、電気自動車（ＢＥＶ）に傾注したのも、その根底には、技術的にハイブリッドではトヨタに敵わないという事実があります。同じように、中国が国を挙げて電気自動車（ＢＥＶ）に力を入れているのも、エンジン（内燃機関）とハイブリッドでは、どうやっても日欧米に追いつかないという技術的な格差が根底にあります。

そうした世界的な技術トレンドに大きな影響を与えたのが、トヨタが生み出したハイブリッド・システムだったのです。

ALL ABOUT THE AUTOMOBILE BUSINESS

2

そもそもなぜ、世界は電気自動車（BEV）を推進するのか

次世代のクルマとして、大いに期待されているのが電気自動車（BEV）です。過去5年ほどにかけて、世界中のほとんどの自動車メーカーが、エンジン車から電気自動車（BEV）への転換を目標に掲げて、大きな投資を行ってきました。

これには、大きく、2つの理由があります。

ひとつは、地球の気候変動への対応という理由です。地球の気候が大きく変わろうとしているのは、誰もが感じているはずです。その理由として考えられているのが、温室効果ガスと呼ばれるもの。具体的には、二酸化炭素やメタン、フロンなどが挙げられます。

このうちの二酸化炭素を、クルマが吐き出しているのが問題となります。クルマが、燃料となるガソリンを使うと、どうやっても二酸化炭素が発生してしまうのです。だから、クルマの動力源を、電池とモーターで走行する電気自動車（BEV）に変えてしまおうと

考えたのです。

そのため世界のあちこちで、自動車メーカーに対して、エンジン車から電気自動車（BEV）への転換を強いるような規制が導入されました。規制を守らなければ、市場から締め出されてしまいます。そのため自動車メーカーは、規制に対応するために電気自動車（BEV）に力を入れざるを得ない状況に陥ってしまったのです。

ただし、その状況を逆手にとって、「これはビジネスチャンスだ」と見ることもできます。どうせ規制で、電気自動車（BEV）に移行するのであれば、どこよりも早く路線変更してしまえば、ライバルを出し抜けるというわけです。これが2つめの理由です。

実際に、欧州のメーカーの幹部クラスは、「電気自動車（BEV）のシフトにより、次世代の覇権を実現する」と明言していました。エンジンを使ったハイブリッドでは、トヨタに敵わないのですから、勝機を電気自動車（BEV）に見出したのも、理解できます。

ただし、早急な電気自動車（BEV）へのシフトは、当然、無理があります。

最大の問題は、電気自動車（BEV）が高額であるという点です。理由は簡単で、電気自動車（BEV）に必須であるバッテリーが高額だからです。電気自動車（BEV）に使われる現在のリチウムイオン・バッテリーは、材料も高額ですし、製造時に膨大な電力を使用します。原価と製造費が高いのですから、いくら大量生産しても値段が下がりません。

ユーザー目線で考えると、わざわざ高い電気自動車（ＢＥＶ）を買う理由は、どこにもありません。そのため、２０２４年になり、世界各地での電気自動車（ＢＥＶ）販売は伸び悩みました。また、世界最大の電気自動車（ＢＥＶ）市場でもある中国では、電気自動車（ＢＥＶ）の競争が激しくなりすぎて値引き合戦に突入。各自動車メーカーの経営を圧迫するようになっています。

また、そもそも環境対策として電気自動車（ＢＥＶ）が最適解であるかどうか相当に怪しいのも問題です。どういうことかといえば、電気自動車（ＢＥＶ）は、たしかに走行中に二酸化炭素を排出しませんが、使用する電力をどうやって発電しているかが問題になります。太陽光発電や水力発電、原子力発電であれば、その電力は二酸化炭素を出さないクリーンな電力とみなすことができます。ところが火力発電で作った電力であれば、とてもクリーンな電力と言うことはできません。

日本で言えば、２０２２年度の実績で、発電電力量の構成は、再エネ（水力を含む）が21・7％、原子力が5・5％、火力が72・8％（経済産業省・２０２２年度エネルギー需給実績取りまとめ〈確報〉より）となります。

つまり、日本の電力は7割強が火力発電となっているのです。その電力を使っている限り、「電気自動車（ＢＥＶ）が二酸化炭素を排出していない」とはとても言えません。

また、製品の環境負荷を、製造時から廃棄までを含めて見る「LCA（ライフサイクルアセスメント）」という考えもあります。その見方で電気自動車（BEV）を考えると、バッテリーの製造時に大量の電力を使用していますので、新車時の環境負荷はエンジン車よりも電気自動車（BEV）の方が大きくなってしまいます。走行時に、二酸化炭素を排出しないで発電した電力を使うことで、エンジン車に近づき、相当な距離を走ることで、ようやく環境負荷が逆転します。電気自動車（BEV）は、長く使わないと、エンジン車よりも環境にやさしくならないのです。

しかも近年では、二酸化炭素を原料とした特殊なエンジン用の燃料も開発されています。カーボンニュートラル燃料と呼ばれるもので、これを使うとエンジン車であっても、二酸化炭素排出ゼロと見なすことができます。これが実用化されれば、新しい電気自動車（BEV）の出番はありません。

近年、早急なまでの電気自動車（BEV）のシフトが進められてきましたが、2024年頃から、その問題点と課題が少しずつ明らかになってきました。現在、この先も電気自動車（BEV）のシフトを進めるのか、それとも方向転換があるのか？　現在は自動車メーカーには難しい判断が迫られています。

ALL ABOUT THE AUTOMOBILE BUSINESS

3

日本の電気自動車（BEV）は本当に遅れているのか

近年、世界の電気自動車（BEV）への転換の早さに対して、日系自動車メーカーの動きが遅く、それに対して「このままでは日本の自動車メーカーは競争に負ける」や「日本の電気自動車（BEV）は海外に劣る」という意見をいくつか目にすることがありました。果たして、それは事実なのでしょうか？

「このままでは競争に負ける」という未来の話は、誰にも分かりません。では、「日本の電気自動車（BEV）は海外に劣る」というのはどうでしょうか？　何をもってして、勝っているか劣っているかを比べるのは、なかなかに難しいものです。

そこで、実際に販売されている各国の電気自動車（BEV）の電費を比較してみましょう。電費とは、エンジン車で言えば燃費性能を示すもの。電気自動車（BEV）の場合、バッテリーが非常に高額ですから、そのバッテリーの電力をいかに効率よく使うことができるのが重要となります。つまり、燃費ならぬ、電力量消費率＝電費が性能のカギとなるのです。

日本を代表する電気自動車（ＢＥＶ）としては、日産「アリア」と、トヨタ「ｂＺ４Ｘ」がよいでしょう。それに対するライバルとしては、欧州勢はフォルクスワーゲンの「ＩＤ．４」、アメリカのテスラの「モデルＹ」、中国の代表はＢＹＤの「ＡＴＴＯ３」です。すべて全長４・５ｍ前後のコンパクトＳＵＶで、２ＷＤ、車両重量２ｔ弱というスペックです。

電費の単位は、Wh／km（ＷＬＴＣモード）となります。これはＷＬＴＣモードという試験方法で計測した数値で、１km走るのに必要な電力量（Wh）を示します。数値が小さい方が優れています。すると、電費は以下のようになります。

「アリア」の電費は、１６６Wh／km
「ｂＺ４Ｘ」の電費は、１２６Wh／km
「ＩＤ．４」の電費は、１３２Wh／km
「モデルＹ」の電費は、１４０Wh／km
「ＡＴＴＯ３」の電費は、１３９Wh／km

結果を見れば、トヨタ「bZ4X」が最も優れており、最下位は日産「アリア」。その他は、その2台のあいだという数値になります。

これはトヨタの技術の高さを証明するひとつの指針と言えます。1997年発売のハイブリッドカー「プリウス」の発売から、トヨタはモーターとバッテリーの制御をスタートしています。トヨタは、モーターとバッテリーの制御という電気自動車（BEV）に欠かせない技術を、過去25年以上にわたって使い続けているのです。膨大な技術の積み重ねを得ていると言っていいでしょう。

また、「アリア」は、電費では負けていますが、走らせてみれば、その加速フィールのよさは格別です。

緻密なモーター制御で、フワっとした、クルマの重さを感じさせない独特の加速フィールを味わえます。走らせてみれば誰もが日産の電動化技術の高さを実感することでしょう。2010年から電気自動車の「リーフ」を作り続けている日産だからこそ実現できた加速と言えます。

そういう意味で、日本の電気自動車（BEV）が技術的に海外勢に劣っているとは言えません。

しかし、販売でテスラやBYDが、日系メーカーを上回っているのも事実です。その理由は、それぞれに強い魅力があるからと言えます。テスラは、日本車どころか、欧米の他のどこのメーカーよりも斬新な機能を採用しています。たとえば、テスラでは、スタート・ボタンとパーキングブレーキを廃止しています。

キー代わりになるカードをポケットに入れてクルマに近づくと、自動でドアのロックが解除され、いつでもスタートできるようにシステムが起動します。ギヤを「ドライブ」に操作して（最新型では、センターディスプレイの画面操作でシフト操作します）、アクセルを踏み込めば、クルマは走り出します。

運転操作が徹底的にシンプル化されているのです。こうした斬新さがテスラの最大の魅力と言えます。〝新しい〟という意味で、テスラは常に最先端を走っているのです。

ＢＹＤの魅力は、コスパのよさです。電気自動車（ＢＥＶ）の価格の多くを占めるバッテリーを自社で生産しているのが最大の強みです。ミッドサイズＳＵＶの「ＡＴＴＯ３」は65kWhもの電池を積みながら、価格は４５０万円です。

それに対してトヨタの「ｂＺ４Ｘ」でさえ最廉価で５５０万円もしています。「アリア」は６５９万１００円、「モデルＹ」は５３３万７０００円、「ＩＤ．４」は５１４万２０００円と、ほとんどか５００万円以上という価格です。このコスパのよさこそ、ＢＹＤの強みと言えるでしょう。

日本の電気自動車（BEV）は決して技術的に劣っているわけではありません。しかし、販売でうまくいかないのは、価格やクルマのコンセプトなど、技術以外のところで負けているのです。

そういう意味で、日本メーカーが安泰なわけではありません。電気自動車（BEV）という新しいクルマのジャンルでも、しっかりと日本車らしい魅力を確立してくれることを祈るばかりです。

ALL ABOUT THE AUTOMOBILE BUSINESS

4

プラチナの価格が下落している理由

いま、世界は戦争や紛争などが多発し、まさに〝世相が乱れている〟という状況です。そんな中で、金の相場価格が急上昇しています。過去5年で4〜5倍にも高騰しているのです。これは先行きの見えない未来に向けて、信頼性の高い金に資産を預けようという投資的な見地が高騰の理由と言えます。

一方で、同じ貴金属であるプラチナ（白金）の相場は、ほぼ横ばいです。それどころか10年ほども前と比較すると下落しています。その理由のひとつとして考えられるのが、自動車業界の動向です。

実のところ、プラチナの需要のうち3〜4割ほどが自動車向けです。クルマのエンジンの排気ガスを浄化するために、プラチナが触媒として使われているのです。振り返ってみれば、10年ちょっと前、欧州の自動車メーカーは「環境対策にはディーゼル・エンジンで対応する」と主張していました。ディーゼル・エンジンは、ガソリン・エンジンよりも燃費性能に優れていたため、温室効果ガスである二酸化炭素の排出量を減らすことができると説明していたのです。

そのためディーゼル・エンジンの開発を熱心におこない、さらにはディーゼル・エンジン車を数多く生産・販売していました。そのディーゼル・エンジンの排気ガス浄化のためにプラチナが数多く使われており、それに対応するようにプラチナの相場価格も上昇していたのです。

ところが2015年にフォルクスワーゲンがディーゼル・エンジンの排気ガス規制を逃れる不正ソフトウェアを使っていることが判明します。いわゆる「ディーゼルゲート事件」です。これをきっかけに、ディーゼルの人気は急降下してしまい、欧州の自動車メーカーは、急激に電気自動車（BEV）へのシフトをスタートさせます。

面白いもので、プラチナの国際相場価格は、ディーゼル・エンジンから電気自動車（BEV）の業界の路線変更にあわせて下落してゆきました。それも当然のことでしょう。ディーゼル・エンジンには触媒としてプラチナが必須でしたが、電気自動車（BEV）に触媒＝プラチナは必要ありません。プラチナの需要が落ちれば、当然、相場価格も落ちてきというわけです。

それでは、この先、プラチナの需要が、どんどん減ってゆくかといえば、そうでもありません。その理由が次世代技術である燃料電池車（ＦＣＥＶ）の存在です。燃料電池車（ＦＣＥＶ）は、燃料となる水素（Ｈ）を、大気中の酸素（O_2）と結合する過程で、動力となる電力を生み出します。その結合のときに触媒としてプラチナを必要とするのです。つまり、燃料電池車（ＦＣＥＶ）が普及すると、再び、プラチナの需要が拡大します。

ただし、現在、燃料電池車（ＦＣＥＶ）の普及は遅々として進んでいません。それでも、その存在に対する期待は、産業界では非常に大きなものがあります。

たとえば、大型トラックは電気自動車（ＢＥＶ）に向いておらず、将来的に燃料電池車（ＦＣＥＶ）になると考えられています。なぜかと言えば、電気自動車（ＢＥＶ）が大きな力を生み出し、そして長距離を走るためには大きなバッテリーが必要です。ところが大型トラックを電気自動車（ＢＥＶ）にしようとすると、バッテリーが大きくなりすぎてしまい、荷物を運んでいるのか、バッテリーを運んでいるのかがわからなくなってしまうのです。そのため、大型トラックは、電気自動車（ＢＥＶ）ではなく、水素を燃料とする燃料電池車（ＦＣＥＶ）が最適と考えられているのです。

また、水素をクルマだけでなく、さまざまな電力需要に応えるエネルギー媒体とする考えもあります。そのため、電気自動車（ＢＥＶ）の先のクルマとして、燃料電池車（ＦＣ

ＥＶ）には大きな期待が寄せられているのです。

さらに、２０２０年代に入っての急激な電気自動車（ＢＥＶ）へのシフトも、いま、踊り場を迎えてしまいました。現実的に、本格的な電気自動車（ＢＥＶ）の普及は、もう少し時間がかかりそうです。そこで、重要な存在として再注目されているのがハイブリッドカーです。これもプラチナの需要に関係します。

ハイブリッドカーには、すべてエンジンが搭載されていますから、当然、触媒であるプラチナの需要はなくなりません。また、ソフトウェアの不正により失望されたディーゼル・エンジンではありますが、現状において、その燃費性能は十分に高く、侮ることはできません。使いようによっては、まだまだ利用価値があるのです。

もちろん、どのタイミングで、どの程度の価格上昇があるのかを予言することはできません。それでも、クルマの技術のひとつとしてプラチナが、今後も重要な存在であり続けることは間違いないのです。

クルマの未来は、プラチナという貴金属の価格にも大きな影響を与えているのです。

ALL ABOUT THE AUTOMOBILE BUSINESS

5

自動運転実現のカギを握るライダーとは

２０１０年代後半から注目を集めた技術のひとつが「自動運転」です。日本をはじめ世界中の自動車メーカー、そして世界中の国が、その実現に期待しました。

日本で言えば、２０１４年に「官民ＩＴＳ構想・ロードマップ」が策定され、文字通り、政府と民間の自動車メーカーなどが、自動運転を含む、次世代の道路交通の実現を目指しました。そうした動きは現在では、経済産業省と国土交通省が主導する「自動運転レベル４等先進モビリティサービス研究開発・社会実装プロジェクト」（通称、RoAD to the L4）となって続いています。

また、海外では自動車メーカーだけではなく、グーグルなどのＩＴ企業も自動運転に挑戦しており、アメリカや中国では数多くの実証実験がおこなわれています。

こうした国内外の動きもあり、なんとなく「自動運転は、すぐにでも普及するのではないか」と思っていた人も多いことでしょう。もしも運転手のなり手の少なくなったタクシーに自動運転が導入されれば、365日24時間、すぐにタクシーを使うことができるようになります。

また、タクシーの費用の多くを占める人件費がゼロになりますから、タクシー代も安くなるはずです。同じようにトラックの自動運転が普及すれば流通部門の人手不足も解消されます。人口が減って、公共交通の維持が難しくなった地方の山間部でも、交通が確保されます。自動運転は、バラ色の未来を実現させる、夢のような技術となるのです。

ところが、期待の大きさに反して、実用化はなかなか進みません。いつまで経っても、自動運転のタクシーは使えませんし、トラック&配達の自動化も実現していません。

特に自家用車に関しては、2020年代に入ると、徐々に新しい発表が減ってゆきます。2021年3月にホンダが、自動運転レベル3を実現する「レジェンド」を発売したあとは、特に顕著となりました。どこの自動車メーカーも自動運転の話をしなくなったのです。

ちなみに自動運転技術には、その内容によってレベルが定められています。レベル1は前後方向の自動を意味します。実用化された技術でいえば「ACC（全車速追従機能）」が該当します。そしてレベル2は前後に左右を加えた自動であり、「ACC」にステアリング・アシストを加えた機能を意味します。ここまでは常にドライバーが安全を監視することが義務づけられています。そして、レベル2までは、現在、すっかり普及しています。

そしてホンダが「レジェンド」で採用したレベル3は、特定の条件下において、前後左右の操作に加えて、周囲の安全監視もシステムがおこないます。この時、ドライバーはよそ見をしてもいいというのが、レベル1や2との大きな違いになります。ただし、システムが「問題が発生していて、これ以上の自動運転は無理です」となったときは、すぐさまドライバーが運転（監視を含む）に復帰します。ここまでを実現したのが、ホンダの「レジェンド」でした。

とはいえ、レベル3での走行中に交通事故が発生したときの法律や保険は、しっかりと整備されたとは言えません。そのためホンダのレベル3の「レジェンド」は、たったの100台、しかもリースのみでの販売でした。「売った」のはたしかですけれど、普及と呼ぶには、遠く及びません。また、ホンダに続いてレベル3のクルマを売り出したメーカーは、他にありませんでした。

誰もが期待し、誰もが実現に向けて努力をしているのに、なかなかうまくいっていません。その理由はいくつもありますが、最大の課題となっているのがセンサーの性能です。単純に、自動運転に必要となるセンサーの性能が足りていないのです。

具体的に言えば、自動運転を実現するには、道路に落ちているタイヤや穴を、しっかりと検知して、避けることが求められます。そのためにはカメラ、ミリ波レーダーだけでは難しく、路面にある凹凸をしっかりと認識できるライダー（レーザーレーダーと呼ばれることもあるセンサー）が必須と考えられています。

実際にレベル3のホンダ「レジェンド」には約60ｍ先までを検知できるライダーが搭載されていました。その場合、「レジェンド」が時速１００㎞で走行すると、1秒間に約28ｍ進みますから、検知できる範囲（約60ｍ）は2秒ほどで走りすぎてしまいます。つまり、路面に何か落ちているのを発見しても、対処する時間は、2秒ほどしかありません。これが欧州のように、高速道路の走行速度が高くなると、さらに余裕は少なくなります。

つまるところ、「レジェンド」のセンサーの性能では、時速１００㎞以上は相当に厳しいことになります。人間のドライバーに余裕をもって運転を交代したり、安全に回避したりするためには、もっと先までを検知できるセンサーの性能が必要となるのです。

そうしたニーズに対応できるライダーが、なかなか実用化できなかったのが、現在の自動運転技術の停滞の最大の理由と言えるでしょう。逆に言えば、ライダーの進化次第で、状況は一気に変わる可能性があります。いまは、まさに過渡期と言えるのです。

ALL ABOUT THE AUTOMOBILE BUSINESS

6

MaaSをビジネスとして成立させる難しさ

日本はいま、人口が減少する局面に入っています。特に地方では人が少なくなり、それに伴って公共交通の利用も減り、結果的に公共交通がビジネスとして継続することができなくなっています。また、人が減れば、働く人も少なくなります。そのため公共交通を支える働き手も不足するという問題も生まれています。

そうした課題を解決するものとして注目されたのが「ＭａａＳ（マース：モビリティ・アズ・ア・サービス）」です。「ＭａａＳ」は、狭義的に「複数の公共交通や移動サービスを最適に組み合わせ、一括で決算する」を意味します。ただし、日本においては、自動運転技術やシェアサイクル、ライドシェア、ＡＩオンデマンド交通（必要なときだけに運行するバス・タクシーなどをＡＩが管理する）など、幅広い新技術を含む次世代の交通サービスと見なされています。

そんなＭａａＳを活用して社会の問題を解決しようと、日本では国を挙げて、数多くの実証実験がおこなわれています。具体的には、国土交通省主導で、全国各地の日本版ＭａａＳの実証実験が２０１９年からスタートしています。国から支援される事業は、２０２０年度には全国36事業で最大となり、２０２４年度でも11事業が進められています。

とはいえ、すべての実証実験がうまくいくわけではありません。そうした事業を取材して、いつも感じるのは、ビジネスとして成立させることの難しさです。新技術を使って、地域の問題を解決するところまではいいのですけれど、その新しいサービスを、ちゃんと儲かるビジネスにするのに、どこも苦労しているのです。

特に地方社会における公共交通の不足は深刻です。人が少なく、利用も少なく、さらには高齢化した住民の多くは年金暮らしで使えるお金も豊富ではありません。また、高齢者にとってスマートフォンのアプリを使うことも高いハードルとなります。「アプリを使って効率化」を狙っても、高齢者がアプリを使ってくれません。

「自動運転技術の導入で人手不足解消」したくても、その最新技術を導入し、継続的に走らせるだけの売上・利益が出せません。そうした何重もの苦難を乗り越えるために、いまも全国で数多くの実証実験が繰り広げられているのです。

そうしたＭａａＳと同じように、ライドシェアも次世代の交通として大いに期待されています。ただし、世界的に主流となっているライドシェアは、文字通りの乗り合いバス・タクシーではなく、アプリを使って呼び出して決済する方式です。これはウーバーやリフト、グラブといったTNC（トランスポーテーション・ネットワーク・カンパニー）と呼ばれる企業が実施する方式で、ユーザーと自営業者であるドライバーをマッチングさせることが特徴となります。

ただし、日本において、個人の一般ドライバーがお客を運ぶ行為は、白タク（無許可の違法タクシー）となってしまうため、海外と同様の方式は原則的に導入できていませんでした。

ところが、コロナ禍が明けて、海外からの観光客が戻り、タクシー不足が深刻化すると、潮目が変わります。2024年には、国の方針が大きく変わり、日本版ライドシェア（自家用車活用事業）が導入されることになったのです。

ただし、「日本版」とあるように、内容は海外のTNC方式とは若干異なります。一般の人が自分のクルマでタクシー業務がおこなえるようになりましたが、事業をおこなうのは、あくまでもタクシー会社に限ります。そのため、一般のドライバーは、タクシー会社に雇われる格好となるのです。利用料金はタクシー会社に準じます。タクシー会社が管理することにより、安全と信頼を担保するのが狙いとなります。

利用者目線で言えば、日本版ライドシェアは、より多くのタクシーを高い安心感の中で使うことができるのが長所です。ただし、料金は通常のタクシーと変わりません。海外のライドシェアは、ほとんどの場合、通常のタクシーよりも割安に利用することができます。そういう目線で言えば、割安感のないのが日本版ライドシェアの短所でしょう。

しかし、個人的な考えでは、格安を売りにしないのは賢明な判断だと言えます。基本的に割安ということは、差額を誰かが負担していることを意味します。海外のＴＮＣ方式は、自営業者となるドライバーに大きな負担をかけているのです。事故にあっても、売り上げが悪くても、すべて個人の責任です。料金もＴＮＣ企業によって決められており、ドライバーの権利も十分に守られているとは限りません。

利用者だけでなく、サービスを提供する事業者側にも儲かる仕組みが重要です。ですから、サービス提供側が継続できるようなレベルの料金設定が必要となるわけです。

ALL ABOUT THE AUTOMOBILE BUSINESS COLUMN

歴史を変えた名車　トヨタ「プリウス」

トヨタの「プリウス」は、１９９７年12月に初代モデルが、世界初の量産ハイブリッドとして誕生しました。その誕生から28年が過ぎ、いまではハイブリッドはあって当たり前の存在となっています。その普及の第一歩を踏み出した偉大な先駆者が「プリウス」だったのです。

また、「プリウス」はハイブリッドだけでなく、それ以外でも数多くの先進技術を採用しました。運動エネルギーを電気として回収する回生ブレーキと従来の摩擦ブレーキを併用する、回生協調ブレーキシステムも「プリウス」が世界初で採用しています。電動モーター式パワーステアリングや、電気制御でギヤを選択するバイワイヤATシフトレバーの採用も「プリウス」がトヨタ初でした。先進性の塊のようなクルマだったのです。

しかし、「プリウス」が最初から認められたわけではありません。初代「プリウス」が登場した１９９７年の時点では、世界的に環境に対する関心は、まだまだ低いものでした。クルマ好きであれば、パワフルで速いクルマの人気が高かったのです。そのため、「プリウス」の提案する省燃費という理想は理解されず、逆に、「遅い」「気分よく走れない」と、さんざんな評価を受けてしまいました。

また、先進的なパッケージングも不評でした。初代「プリウス」は、乗員が乗り降りしやすいようにと、着座姿勢を高く設定したパッケージングが採用されています。これによりキャビンが、妙に大きい独特のデザインとなってしまいます。このデザインもまた、当時、「頭でっかち」「格好悪い」と受け入れられなかったのです。

しかし、「プリウス」は、そうした酷評にも負けず、乗員優先のパッケージを守り、2代目ではトライアングルシルエットを生み出します。横から見たときに、ルーフに頂点のある三角形のフォルムです。これによりデザイン性が向上。さらには、環境問題に対する世間の関心も高まり、アメリカでのアカデミー賞授賞式にハリウッドスターが「環境に配慮する、格好よいクルマ」として「プリウス」で乗り付けるという事件まで発生しました。また、「プリウス」も代を重ねるにつれ、デザインや運転の楽しさなどを向上させてゆきます。

その結果、2009年に登場した3代目モデルでは、日本において年間販売ランキングで1位を獲得。それまで絶対的王者であった「カローラ」を押しのけての「プリウス」の1位の座獲得は、ハイブリッドが世間に認められたことを実感させるものでした。

そうした「プリウス」の活躍により、ハイブリッドは、しっかりと世界に普及してゆきます。トヨタは、2022年までに累計2000万台以上のハイブリッドを世に送りだしていますし、日本市場においてハイブリッド車は、乗用車販売（登録車）において60％以上を占めるほどとなっています。

まさに世界を変えるほどのインパクトを与えたのが「プリウス」だったのです。

おわりに

私がライターとして自動車業界に関わることになった約30年前と比べると、クルマは、驚くような進化を果たしています。現在の新車に装備が義務付けられている、自動ブレーキ（衝突被害軽減ブレーキ）は、30年前の日本に影も形もありませんでした。現在の日本の新車販売の6割を超えるハイブリッドカーも30年前は実用化されていませんでした。ちなみに、30年前といえば、インターネットが日本に導入されたばかりのころ。それ以前は、ネットなしが当たり前の生活でした。

つまり、30年という時間の流れの中で、クルマは大きく進化し、生活も大きく変化しました。しかし、クルマという工業製品の重要さは微動だにしていません。自動車業界は、当時から巨大であり、世界的なものでしたし、それは今も変わりません。

そう考えれば、これから先、クルマという工業製品は、これまでのように日々進化を続けることでしょう。私たちの生活も同じように、大きく変化するはずです。

技術的な話で言えば、クルマの電動化とＡＩによる知能化は、さらに加速します。新しいクルマの機能が追加され、使い方に変化が生じるかもしれません。それでも、人を移動させるための道具としてクルマの必要性がなくなることはありません。10年先、20年先もクルマと自動車業界は、今と変わらず、重要で大きな存在感を保っているはずです。個人的に、自動車業界の未来は、まだまだ明るいと感じています。

そうした自動車業界の新しいメンバーを迎える書籍を手掛けることができたのは、幸運そのものだと思います。お声をかけていただけた元クロスメディアグループの浜田佳歩さん、のんびりとした筆者をいつも激励してくれるクロスメディア・パブリッシング編集部の緒方啓吾さんには深く感謝するばかりです。どうもありがとうございました。

参考資料

〈自動車メーカーなどの企業サイト〉

- アイシン　https://www.aisin.com/jp/
- アルファ・ロメオ　https://www.alfaromeo-jp.com/
- ヴァレオ　https://www.valeo.com/ja/
- コンチネンタル・ジャパン　https://www.continental.com/ja-jp/
- スズキ　https://www.suzuki.co.jp/
- ステランティス　https://www.stellantis.jp/
- スバル　https://www.subaru.co.jp/
- テスラ　https://www.tesla.com/ja_jp/
- トヨタ自動車　https://global.toyota/jp/
- トヨタイムズ　https://toyotatimes.jp/
- トヨタ自動車75年史　https://www.toyota.co.jp/jpn/company/history/75years/index.html
- トヨタ博物館　https://toyota-automobile-museum.jp/
- 日産自動車　https://www.nissan-global.com/JP/
- 日産自動車ニュースルーム　https://global.nissannews.com/ja-JP/
- フィアット　https://www.fiat-auto.co.jp/
- フォルクスワーゲンプレスクラブ　https://www.volkswagen-press.jp/
- プジョー　https://www.peugeot.co.jp/
- ボッシュ　https://corporate.bosch.co.jp/
- ポルシェ　https://www.porsche.com/japan/jp/
- 本田技研工業　https://global.honda/jp/
- マグナ　https://www.magna.com/ja/
- マツダニュースルーム　https://newsroom.mazda.com/ja/
- マツダ　https://www.mazda.co.jp/
- 三菱自動車　https://www.mitsubishi-motors.com/jp/
- ヤマハ発動機　https://global.yamaha-motor.com/jp/
- ルノー　https://www.renault.jp/
- 4Rエナジー　https://www.4r-energy.com/
- ＢＹＤ　https://byd.co.jp/
- ＧＡＺＯＯ　https://gazoo.com/
- ＫＩＮＴＯ　https://kinto-jp.com/
- ＮＩＳＭＯ　https://www.nismo.co.jp/

〈その他 参考サイト〉

- ソニー損保「あの時売れていた車は？　人気乗用車販売台数ランキング」　https://www.sonysonpo.co.jp/infographic/ifga_car_ranking.html
- 環境省　https://www.env.go.jp/
- くるまマイスター検定「公式オンラインガイドブック２０２１」https://car-days.fun/blog/guidebook2021/
- 経済産業省　https://www.meti.go.jp/
- 公正取引委員会　https://www.jftc.go.jp/
- 国土交通省　https://www.mlit.go.jp/
- 財務省　https://www.mof.go.jp/
- 三栄　https://san-ei-corp.co.jp/
- 一般財団法人　自動車検査登録情報協会　https://www.airia.or.jp/
- ジャパンモビリティショー　https://www.japan-mobility-show.com/
- 政府広報オンライン　https://www.gov-online.go.jp/
- 一般社団法人　全国軽自動車協会連合会　https://www.zenkeijikyo.or.jp/
- 総務省　https://www.soumu.go.jp/
- 総務省統計局「労働力調査（２０２０年）」　https://www.stat.go.jp/data/roudou/rireki/nen/ft/pdf/2020.pdf
- レジル株式会社「でんき案内板」　https://www.denki-annai.com/mansion/?destination=/mansion/10008/
- 東京オートサロン　https://www.tokyoautosalon.jp/

・一般社団法人　日本自動車工業会　https://www.jama.or.jp/
・一般社団法人　日本自動車販売協会連合会　https://www.jada.or.jp/
・一般社団法人　日本自動車部品工業会　https://www.japia.or.jp/
・一般社団法人　日本自動車部品工業会「日本の自動車部品産業（２０２４年）」 https://www.japia.or.jp/files/user/japia/library/jidousyabuhinsangyo/nihonnojidousyabuhinsangyo2024.pdf
・日本貿易振興機構　https://www.jetro.go.jp/
・講談社ビーシー「ベストカーＷＥＢ」 https://bestcarweb.jp/
・株式会社イード「レスポンス」 https://response.jp/
・自動運転レベル4等先進モビリティサービス　研究開発・社会実装プロジェクト　https://www.road-to-the-l4.go.jp/
・公益財団法人　自動車リサイクル促進センター　https://www.jarc.or.jp/
・自動車検査登録総合ポータルサイト　https://www.jidoushatouroku-portal.mlit.go.jp/jidousha/kensatoroku/index.html
・政府ＣＩＯポータル「道路交通　官民ＩＴＳ構想・ロードマップ」 https://cio.go.jp/policy-transport/
・e-GOV 法令検索「道路運送車両法」 https://laws.e-gov.go.jp/law/326AC0000000185#Mp-Ch_2/
・有限会社来遠「ACCESS ONLiNE」 https://access-online.net/
・株式会社ＡＣＪマガジンズ「AUTOCAR JAPAN」 https://www.autocar.jp/
・ＦＩＡ　https://www.fia.com/
・ＪＡＦ　https://jaf.or.jp/
・ＪＡＦモータースポーツ　https://motorsports.jaf.or.jp/

〈参考書籍〉
・ニック ジョルガノ、原 紳介（翻訳）『アメリカ車の１００年：１８９３－１９９３』二玄社／１９９６年
・日本ＥＶクラブ（編集）、舘内端（監修）『ＥＶスーパーハンドブック２０１１』ＪＡＦ ＭＡＴＥ／２０１１年
・当摩節夫『いすゞ乗用車の歴史』三樹書房／２０２０年
・林信次『Ｆ1全史 第1集 １９８６－１９９０』三栄／２０１８年
・中西好樹『オサムイズム：〝小さな巨人〟スズキの経営』日本経済新聞出版社／２０１５年
・鈴木 修『俺は、中小企業のおやじ』日本経済新聞出版社／２００９年
・畔柳俊雄『空力とカーデザイン』グランプリ出版／２００１年
・ＧＢ自動車業界研究会、遠藤徹（監修）、飯塚昭三（監修）『図解即戦力 自動車業界のしくみとビジネスがこれ1冊でしっかりわかる教科書』技術評論社／２０２２年
・釜池光夫『自動車デザイン 歴史・理論・実務』三樹書房／２０１３年
・『世界の自動車9 パナール プジョー』二玄社／１９７３年
・李志東『中国の自動車強国戦略』エネルギーフォーラム／２０２４年
・森本雅之（監修）『最新オールカラー 電気自動車のしくみ』ナツメ社／２０２４年
・森本雅之『電気自動車（第2版） これからの「クルマ」を支えるしくみと技術』森北出版／２０１７年
・若松義人『「トヨタ式」大全 世界の製造業を制した１９２の知恵』ＰＨＰ研究所／２０１５年
・大野耐一『トヨタ生産方式 脱規模の経営をめざして』ダイヤモンド社／１９７８年
・ホリデーオート編集部（編集）『21世紀の街道レーサー Ｔｈｅ ＡＬＢＵＭ』モーターマガジン社／２０１８年
・宇田川勝『日産の創業者 鮎川義介』吉川弘文館／２０１７年
・『ニューモデル速報 歴代シリーズ 歴代スカイラインＧＴ－Ｒのすべて』三栄／２０１９年
・林信次『富士スピードウェイ 最初の40年』三樹書房／２００５年
・前間孝則『マン・マシンの昭和伝説 上・下』講談社／１９９６年
・『マツダ百年史 正史編』マツダ
・『ハチロク「86」（Motor Magazine Mook）』モーターマガジン社／２０１０年
・『ワールド・カー・ガイド 18 メルセデス・ベンツ』ネコ・パブリッシング／１９９４年

[著者略歴]
鈴木ケンイチ（すずき・けんいち）
モータージャーナリスト
1966年生まれ。茨城県出身。大学卒業後に一般誌／女性誌／ PR誌／書籍を制作する編集プロダクションに勤務。28歳で独立。徐々に自動車関連のフィールドへ。2003年にJAF公式戦ワンメイクレース（マツダ・ロードスター・パーティレース）に参戦。年間3、4回の海外モーターショー取材を実施、中国をはじめ、アジア各地のモーターショー取材を数多くこなしている。新車紹介から人物取材、メカニカルなレポートまで幅広く対応。日本自動車ジャーナリスト協会（AJAJ）会員。

自動車《じどうしゃ》ビジネス

2025年4月21日　初版発行

著　者　鈴木ケンイチ

発行者　小早川幸一郎

発　行　株式会社クロスメディア・パブリッシング
〒151-0051 東京都渋谷区千駄ヶ谷4-20-3 東栄神宮外苑ビル
https://www.cm-publishing.co.jp
◎本の内容に関するお問い合わせ先：TEL（03）5413-3140／FAX（03）5413-3141

発　売　株式会社インプレス
〒101-0051 東京都千代田区神田神保町一丁目105番地
◎乱丁本・落丁本などのお問い合わせ先：FAX（03）6837-5023
service@impress.co.jp
※古書店で購入されたものについてはお取り替えできません

印刷・製本　中央精版印刷株式会社

©2025 Kenichi Suzuki, Printed in Japan
ISBN978-4-295-41088-1　C2034